宝玉石鉴定

BAOYUSHI JIANDING

主　编　王　卉　刘殿正
副主编　武改朝　黄　惊

中国地质大学出版社有限责任公司
ZHONGGUO DIZHI DAXUE CHUBANSHE YOUXIAN ZEREN GONGSI

图书在版编目(CIP)数据

宝玉石鉴定/王卉,刘殿正主编;武改朝,黄惊副主编. —武汉:中国地质大学出版社有限责任公司,2013.9
ISBN 978-7-5625-3234-7

Ⅰ.①宝…
Ⅱ.①王…②刘…③武…④黄…
Ⅲ.①宝石-鉴定-中等专业学校-教材②玉石-鉴定-中等专业学校-教材
Ⅳ.①TS933

中国版本图书馆 CIP 数据核字(2013)第 196666 号

宝玉石鉴定	王 卉 刘殿正 主 编 武改朝 黄 惊 副主编
责任编辑:徐润英 张琰　　选题策划:叶友志 张华	责任校对:戴莹

出版发行:中国地质大学出版社有限责任公司(武汉市洪山区鲁磨路388号)
电　　话:(027)67883511　　　　　　　　　　　　　　　　邮政编码:430074
传　　真:67883580　　　　　　　　　　　　　　　　E-mail:cbb @ cug.edu.cn
经　　销:全国新华书店　　　　　　　　　　　　　　http://www.cugp.cug.edu.cn
开本:787mm×960mm 1/16　　　　　　　　　　　　　字数:270千字　　印张:10.5
版次:2013年9月第1版　　　　　　　　　　　　　　印次:2013年9月第1次印刷
印刷:荆州市鸿盛印务有限公司　　　　　　　　　　　印数:1—2 000 册
ISBN 978-7-5625-3234-7　　　　　　　　　　　　　　　　　　　　定价:38.00元

如有印装质量问题请与印刷厂联系调换

前　言

　　《宝玉石鉴定》作为中等职业学校珠宝玉石加工与营销专业的核心课程，一直以来缺乏适合中职学生、体现新课改理念的教材，现借国家中等职业教育改革发展示范学校建设项目的契机，在开展深入企业调研、参阅大量珠宝鉴定教材的基础上，编写了此教材。

　　本书遵循新课改理念，以工作过程为导向，以就业能力和职业可持续发展能力培养为核心，依据职业岗位（群）能力分析，参照职业资格或行业标准，通过对珠宝专业典型职业活动进行分析归纳，导出学习任务及典型实践活动项目，通过设计适合于教学的具体的学习情景，形成教材内容。

　　本书采取以岗位能力为主线，以"模块为框架，任务为驱动，活动为载体"的方式编写，通过设计丰富多彩的"以学生为中心"的教学活动，如"知识链接"、"实训检测"、"课后拓展"等，既有助于提高学生的参与程度和学习兴趣，又有利于学生掌握宝玉石鉴定的实际操作技能，以保证学习目标的实现。

　　本书适用于中等职业学校珠宝玉石加工与营销及相关专业的教学与培训，也可作为广大珠宝爱好者的自学用书和参考用书。

　　本书由王卉、刘殿正担任主编，武改朝、黄惊担任副主编，参加编写的人员还有田禾、郗爱群、杨轶、吴青蔓、赵洋洋、李姗姗等。本书在编写过程中得到了珠宝鉴定检测机构专家的大力支持，专家提供的参考资料和宝贵建议给予编者极大的启发和帮助，在此特别感谢国家珠宝玉石质量监督检验中心苏隽女士、国家首饰质量监督检验中心罗跃平先生、北京协宝珠宝检测中心许迎新女士。同时，衷心感谢为本书拍摄各类说明性图片的北京市商业学校史燕林老师，以及为本书编写承担大量协助工作的北京市商业学校刘宝同学。

　　由于编者水平有限，书中难免有不妥、疏漏和值得商榷的地方，还望广大读者批评指正。

编　者
2013 年 7 月

目　录

总　论

一、宝石的定义 …………………………………………………………（1）

二、天然珠宝玉石具备的条件 …………………………………………（1）

三、宝石的分类 …………………………………………………………（3）

四、宝石的命名 …………………………………………………………（5）

五、宝石鉴定的目的 ……………………………………………………（8）

六、宝石鉴定的对象 ……………………………………………………（8）

七、宝石鉴定的步骤 ……………………………………………………（9）

八、宝石鉴定的常规仪器 ………………………………………………（9）

九、课后拓展 ……………………………………………………………（10）

模块一　常见宝石的鉴别

任务一　红色系宝石的鉴别 ……………………………………………（11）

任务二　蓝色系宝石的鉴别 ……………………………………………（33）

任务三　绿色系宝石的鉴别 ……………………………………………（54）

任务四　黄色系宝石的鉴别 ……………………………………………（70）

任务五　无色系宝石的鉴别 ……………………………………………（82）

模块二 常见玉石的鉴别

任务六 翡翠及相似玉石的鉴别 …………………………………………………… (106)

任务七 软玉及其仿制品的鉴别 …………………………………………………… (128)

任务八 其他常见玉石的鉴别 ……………………………………………………… (139)

模块三 常见有机宝石的鉴别

任务九 常见有机宝石的鉴别 ……………………………………………………… (151)

主要参考文献 ………………………………………………………………………… (161)

总 论

一、宝石的定义

> **相关链接：**宝石在我国也称为珠宝玉石。早在距今1.8万年前的北京周口店山顶洞人的遗址中就发现了用动物的牙齿和骨骼串成的项饰，这恐怕就是人类最早的宝石制品。随着人类的进步和对宝石认识的不断深入和提高，天然宝石应具备的基本特征已进一步明确为美丽、稀少、耐久等特点。但随着科学技术的不断发展和创新以及人们对审美和装饰需求的多样化，宝石的概念也在不断变化和扩展。根据我国珠宝玉石首饰行业相关的国家标准，宝石的概念具有更为广泛的含义，并称为珠宝玉石。

珠宝玉石泛指一切经过琢磨、雕刻后可以成为首饰或工艺品的材料，是对天然珠宝玉石和人工宝石的统称，简称宝石。天然珠宝玉石包括天然宝石、天然玉石和天然有机宝石；人工宝石包括合成宝石、人造宝石、拼合宝石和再造宝石。

传统观念上，宝石仅指上述概念中的天然珠宝玉石。即指自然界产出的，具有色彩瑰丽、晶莹剔透、坚硬耐久，并且稀少及可琢磨、雕刻成首饰和工艺品的矿物、岩石和有机材料。天然珠宝玉石是目前珠宝

> **温馨提示：**在广义珠宝玉石定义中，一些装饰用的塑料和玻璃等也算作宝石，像女士用的发夹上面的塑料和玻璃。

玉石行业的主流产品，而人工宝石主要用于时尚首饰、工艺品、装饰品以及其他如钟表、服装、皮具和灯具等。当然这种应用范围也不是严格和一成不变的，例如天然珠宝玉石也越来越多地用于钟表、皮具、服装等高档奢侈品中。

二、天然珠宝玉石具备的条件

自然界发现的矿物虽已超过3 000种，但可做宝石原料的仅230余种，而国际珠宝市场上

的主要高中档宝石只不过20多种,尚不及10%。可见矿物岩石必须具备一些特定的条件才能成为宝石,宝石是众多矿物岩石的精华。

(一)美丽

美丽是宝石价值的首要条件。宝石的美由颜色、透明度、光泽、纯净度等众多因素构成。这些因素相互弥补、相互衬托,当上述因素都恰到好处时,宝石才能光彩夺目。

1. 颜色

宝石的颜色有彩色和无色之分。彩色宝石要求其颜色艳丽、纯正、均匀。例如:一块高档翡翠的颜色为纯正的浓艳的绿色,给人以青翠欲滴的感觉,才能达到视觉上的审美要求,灰色、褐色色调会降低颜色的美丽程度。而对于无色宝石,颜色便不是评价的主要因素了。

2. 透明度和纯净度

宝石应具有良好的透明度和纯净度。彩色宝石虽然不能达到清澈透明,然而较高的透明度将会提高其总体品质。而无色宝石的透明度和纯净度是构成宝石美的重要因素,如无色水晶,它的高透明度使光能够充分透过,给人以晶莹剔透的感觉,成为人们喜爱的宝石;同样,高的透明度对翡翠来讲,意味着好的"水头",这是高档翡翠的一个首要条件。但对于某些宝石来讲,并非透明度和纯净度越高越好,如对某些具有特殊光学效应的宝石(如星光效应、猫眼效应、砂金效应等),则要求相关包体较为丰富,纯净度和透明度不能太高,这样其特殊光学效应才能更明显。

3. 光泽

光泽是宝石表面反光的一种视觉效果(应),它为宝石增添了一份灵气。无色的钻石能成为宝石之王,很重要的一个因素是因为它具有极强的光泽,在阳光下光芒四射,给人以光彩夺目、灿烂辉煌的感觉。

4. 特殊的光学效应

有些宝石不以颜色称雄,但具特殊的光学效应,如星

光效应、猫眼效应、变彩效应。这些特殊的光学效应给宝石平添了几分神秘,具有特殊的美感,因而使其身价倍增。我国山东的一种黑褐色蓝宝石,最初被作为废石丢弃掉,后因发现其弧面形宝石的表面具有六条明显的星线,而重新被视为宝石。

(二)耐久性

宝石不仅应绚丽多姿,而且要经久不变,即具有一定的硬度、韧性和化学稳定性等。宝石的耐久性是由其稳定的物理化学性质所决定的,但这一条件对某些宝石可适当放宽,如有机宝石、大理岩等。

（三）稀有性

宝石以产出稀少而名贵。这种稀有性,包括品种上的稀有和质量上的稀有。因品种稀有性而影响价格的例子可举紫晶,它半透明至透明,紫色、紫红色给人以高雅之感。最初仅见于欧洲大陆,被人们视为珍宝,价值很高,但当在其他国家大量发现以后,价格大跌。另一个例子为拉长石,拉长石曾以其稀有的变彩效应倍受人们珍爱,但自加拿大、前苏联发现大型矿产后,它就变成普通宝石品种了。因品质方面的稀有性而身价倍增的例子可举高档宝石祖母绿,它的矿物品种绿柱石在自然界的分布和产出并不少,但是由于绿柱石解理发育、瑕疵严重,能加工成完全无瑕者非常稀少。如乌拉尔地区的祖母绿,原石可重几公斤,加工后的成品可能仅有1ct左右。因此,大而完美的祖母绿成品便成为稀世之宝。

温馨提示：作为宝石或宝石的一个品种,并不一定要求它在美丽、耐久和稀有这三个方面同时都是最佳或最为突出的。往往它的一两个方面比较突出就可以视为宝石,只不过在价值上会有所差异。如琥珀,虽然其硬度不是很高,摩氏硬度只有2～3,耐久和抗磨损强度不大,但仍以其深厚的文化背景、特殊的蜜黄、棕红等颜色、柔和的光泽和特殊包体吸引着人们,成为一种珍贵的宝石品种。又例如某些具星光效应的红、蓝宝石,即使它们的颜色不是很好,但如果其星光效应明显完美,也会价值不菲。另外,宝石的价值除和本身的品质有关外,也会随时间、地域、文化、审美观念和资源储量及当时经济环境等因素的变化而变化。

三、宝石的分类

我国珠宝玉石首饰行业的国家标准对珠宝玉石给出了明确的定义和分类。分类的主要原则如下。

(1)按宝石的成因类型,即以天然成因还是人工制造为依据,将宝石分为两大类,然后再根据宝石的组成和性质进一步划分。

(2)考虑国际的通用性、习惯性,尽量采用目前国际上普遍使用的、趋于统一的分类原则进行分类。

(3)突出我国以玉石为特色的传统珠宝玉石品种。

我国现行珠宝玉石首饰行业的国家标准具体分类方案为：

```
                          ┌天然宝石
              ┌天然珠宝玉石┤天然玉石
              │           └天然有机宝石
珠宝玉石(宝石)┤
              │           ┌合成宝石
              │           │人造宝石
              └人 工 宝 石┤拼合宝石
                          └再造宝石
```

(一)天然珠宝玉石

天然珠宝玉石的定义：由自然界产出，具有美观、耐久、稀少性，具有工艺价值，可加工成装饰品的物质。

天然珠宝玉石按照组成和成因不同可分为天然(单晶)宝石、天然玉石和天然有机宝石。

1. 天然宝石

天然宝石是指由自然界产出，具有美观、耐久、稀少性，可加工成装饰品的矿物单晶体或双晶。

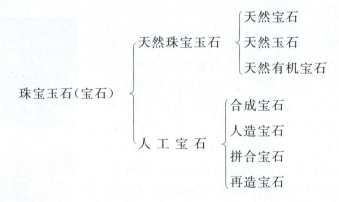

常见的天然宝石有钻石、红宝石、蓝宝石、碧玺、祖母绿、金绿宝石、尖晶石、石榴石、绿柱石、托帕石、堇青石、坦桑石、尖晶石、橄榄石、葡萄石、萤石、水晶、长石。

2. 天然玉石

天然玉石是指由自然界产出的，具有美观、耐久、稀少性和工艺价值的矿物集合体，少数为非晶质体。

常见的天然玉石有翡翠、软玉、岫玉、独山玉、石英质玉石、钠长石玉、水钙铝榴石、大理石、绿松石、孔雀石、欧泊、青金石、黑曜岩。

3. 天然有机宝石

天然有机宝石是指由自然界生物生成，部分或全部由有机物质组成，可用于首饰及装饰品的材料。养殖珍珠(简称"珍珠")也归于此类。

有机宝石是自然界生物作用形成的固体，它们部分或全部由有机物质组成，其中的一些品种本身就是生物体的一部分，如大象的牙齿、玳瑁的壳。这些生物成因的固体以其美丽的颜色、特殊的光泽和柔韧的质地，成为天然宝石家族的成员。人工养殖的珍珠，由于其养殖过程和产品与天然珍珠的自然性及产品特征基本相同，所以也被划归为天然有机宝石。

常见的天然有机宝石有珍珠、珊瑚、琥珀、象牙、煤精、玳瑁。

(二) 人工宝石

人工宝石是指完全或部分由人工生产或制造的用作首饰及装饰品的材料。包括合成宝石、人造宝石、拼合宝石和再造宝石。

1. 合成宝石

合成宝石是指完全或部分由人工制造且自然界有已知对应物的晶质或非晶质体，其物理性质、化学成分和晶体结构与所对应的天然珠宝玉石基本相同。

如合成红宝石与天然红宝石化学成分均为 Al_2O_3（都含微量元素 Cr），它们具有相同的晶体结构、折射率和硬度等。

常见的合成宝石有合成红宝石、合成蓝宝石、合成祖母绿、合成水晶、玻璃、合成立方氧化锆、合成碳硅石。

2. 人造宝石

人造宝石是指由人工制造且自然界无已知对应物的晶质或非晶质体。如人造钛酸锶，迄今为止自然界中还未发现此品种。

3. 拼合宝石

拼合宝石是指由两块或两块以上材料经人工拼合而成，且给人以整体印象的珠宝玉石，简称"拼合石"。如国际市场上流行的一种蓝色刻面琢型的拼合宝石，常常上部为合成蓝宝石，下部为天然蓝宝石，二者之间用树脂粘合，看上去似一个完整的刻面宝石。

4. 再造宝石

再造宝石是指通过人工手段将天然珠宝玉石的碎块或碎屑熔接或压结成具整体外观的珠宝玉石。常见的再造宝石有再造琥珀、再造绿松石等。

> **温馨提示**：市场上经常会有一些不法商人利用人工宝石冒充天然宝石来谋取暴利，有很大的欺骗性，提醒大家要认真区别，如用合成红宝石冒充天然红宝石，用玻璃拼合蓝宝石冒充天然蓝宝石。

四、宝石的命名

为了科学准确地描述宝石品种，更好地规范珠宝玉石市场，保护消费者的利益，同时考虑到商业界和传统的名称习惯以及国际通用名称和规则，国家制定了珠宝玉石行业《珠宝玉石名称》等一系列国家标准。

我国《珠宝玉石　名称》(GB/T 16552—2010)珠宝玉石名称命名原则规定如下。

(一) 各类珠宝玉石具体命名原则

1. 天然宝石

(1) 直接使用天然宝石基本名称或其矿物名称，无须加"天然"二字，如"金绿宝石"、"红宝石"等。

(2) 产地不参与定名，如无须定名为"南非钻石"、"缅甸蓝宝石"等。

(3)禁止使用由两种天然宝石名称组合而成的名称,如"红宝石尖晶石"、"变石蓝宝石"等。"变石猫眼"除外。

(4)禁止使用含混不清的商业名称,如"蓝晶"、"绿宝石"、"半宝石"等。

2. 天然玉石

(1)直接使用天然玉石基本名称或其矿物(岩石)名称。在天然矿物或岩石名称后可附加"玉"字,无须加"天然"二字。"天然玻璃"除外。

(2)不用雕琢形状定名天然玉石。

(3)不允许单独使用"玉"或"玉石"直接代替具体的天然玉石名称。

(4)带有地名的天然玉石基本名称,不具有产地含义,如和田玉和岫玉。

3. 天然有机宝石

(1)直接使用天然有机宝石基本名称,无须加"天然"二字。"天然珍珠"、"天然海水珍珠"、"天然淡水珍珠"除外。

(2)养殖珍珠可简称为"珍珠",海水养殖珍珠可简称为"海水珍珠",淡水养殖珍珠可简称为"淡水珍珠"。

(3)不以产地修饰天然有机宝石名称,如"波罗的海琥珀"。

4. 合成宝石

(1)必须在其所对应天然珠宝玉石名称前加"合成"二字,如"合成红宝石"、"合成祖母绿"等。

(2)禁止使用生产厂、制造商的名称直接定名,如"查塔姆(Chatham)祖母绿"、"林德(Linde)祖母绿"等。

(3)禁止使用易混淆或含混不清的名词定名,如"鲁宾石"、"红刚玉"、"合成品"。

5. 人造宝石

(1)须在材料名称前加"人造"二字,如"人造钛酸锶"。"玻璃"、"塑料"除外。

(2)禁止使用生产厂、制造商的名称直接定名。

(3)禁止使用易混淆或含混不清的名词定名,如"奥地利钻石"等。

(4)不允许用生产方法参与定名。

6. 拼合宝石

(1)逐层写出组成材料名称,在组成材料名称之后加"拼合石"三字,如"蓝宝石、合成蓝宝石拼合石";或以顶层材料名称加"拼合石"三字,如"蓝宝石拼合石"。

(2)由同种材料组成的拼合石,在组成材料名称之后加"拼合石"三字,如"锆石拼合石"。

(3)对于分别用天然珍珠、珍珠、欧泊或合成欧泊为主要材料组成的拼合石,分别用拼合天然珍珠、拼合珍珠、拼合欧泊或拼合合成欧泊的名称即可,不必逐层写出材料名称。

7. 再造宝石

在所组成天然珠宝玉石名称前加"再造"二字,如"再造琥珀"等。

8. 仿宝石

仿宝石是指用于模仿天然珠宝玉石的颜色、外观和特殊光学效应的人工宝石以及用于模仿另外一种天然珠宝玉石的天然珠宝玉石。"仿宝石"一词不能单独作为珠宝玉石名称。定名

规则为:
(1)在所模仿天然珠宝玉石名称前冠以"仿"字,如"仿祖母绿"、"仿珍珠"等。
(2)应尽量确定并给出模仿某种宝石所用的具体珠宝玉石的名称,且采用下列方式表达,如"玻璃"或"仿水晶(玻璃)"。
(3)当确定模仿某种宝石所用的具体珠宝玉石的名称时,应遵循本标准规定的其他各项命名规则。

(二)具特殊光学效应珠宝玉石的命名原则

1. 猫眼效应

可在珠宝玉石基本名称后加"猫眼"二字,如"磷灰石猫眼"、"玻璃猫眼"等。只有"金绿宝石猫眼"可直接命名为"猫眼"。

2. 星光效应

可在珠宝玉石基本名称前加"星光"二字,如"星光红宝石"、"星光透辉石"。具星光效应的合成宝石定名方法是,在所对应天然珠宝玉石基本名称前加"合成星光"四字,如"合成星光红宝石"。

3. 变色效应

可在珠宝玉石基本名称前加"变色"二字,如"变色石榴石"。具变色效应的合成宝石定名方法是,在所对应天然珠宝玉石基本名称前加"合成变色"四字,如"合成变色蓝宝石"。只有具有变色效应的金绿宝石可直接命名为"变石";如果金绿宝石同时具有猫眼效应和变色效应,则可直接命名为"变石猫眼"。

4. 其他特殊光学效应

除星光效应、猫眼效应和变色效应外,在珠宝玉石中所出现的所有其他特殊光学效应(如砂金效应、晕彩效应、变彩效应等)珠宝玉石的定名规则为:特殊光学效应不参加定名,可以在备注中附注说明。

(三)优化处理珠宝玉石的命名原则

优化处理的定义:指除切磨和抛光以外,用于改善珠宝玉石外观(颜色、净度或特殊光学效应)、耐久性或可用性的所有方法。

1. 优化

优化是指传统的、被人们广泛接受的、使珠宝玉石潜在的美显示出来的优化处理方法。常见方法有热处理、漂白、浸蜡、浸无色油、染色(玉髓、玛瑙类)。定名规则如下:
(1)直接使用珠宝玉石名称。
(2)珠宝玉石鉴定证书中可不附注说明。

2. 处理

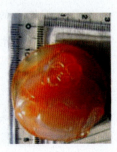

处理是指非传统的、尚不被人们接受的优化处理方法。常见方法有热处理(翡翠)、漂白(翡翠)、浸有色油、充填(玻璃充填、塑料充填或其他聚合物等硬质材料充填)、浸蜡(绿松石)、染色、辐照、激光钻孔、覆膜、扩散、高温高压处理等。定名规则如下:

(1) 在所对应珠宝玉石名称后加括号注明"处理"二字或注明处理方法,如"蓝宝石(处理)"、"蓝宝石(扩散)"、"翡翠(处理)"、"翡翠(漂白充填)";也可在所对应珠宝玉石名称前描述具体处理方法,如"扩散蓝宝石"、"漂白充填翡翠"。

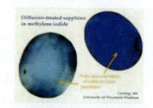

(2) 在珠宝玉石鉴定证书中必须描述具体处理方法。

(3) 在目前一般鉴定技术条件下,如不能确定是否经处理时,在珠宝玉石名称中可不予表示,但必须加以附注说明且采用下列描述方式,如"未能确定是否经过×××处理"或"可能经过×××处理",如"托帕石,备注:未能确定是否经过辐照处理",或"托帕石,备注:可能经过辐照处理"。

(4) 经处理的人工宝石可直接使用人工宝石基本名称定名。

五、宝石鉴定的目的

1. 确定宝石品种

通过折射率、密度、光性特征等一些鉴定特征首先确定宝石的种属,这是宝石鉴定最主要的目的。

2. 确定宝石是天然的还是合成的

通过放大检查观察宝石内部包裹体等鉴定特征,判断宝石是天然宝石还是合成宝石。

3. 鉴定宝石是否经过优化处理

通过放大检查和紫外荧光、滤色镜等手段鉴定宝石是否经过优化处理。

六、宝石鉴定的对象

1. 宝石原料

主要是未进行琢磨的矿物晶体、岩石等。

2. 琢磨好的宝石成品

主要是琢磨好的各种宝石戒面、雕件等,也是本书介绍的主要鉴定对象。

3. 镶嵌在首饰上的宝石

主要是用贵金属镶嵌好的首饰成品,既要鉴定宝石,也要鉴定镶嵌宝石的金属。

七、宝石鉴定的步骤

宝石鉴定有以下步骤：
(1)总体观察(肉眼鉴定)。
(2)常规仪器鉴定。
(3)定名。

宝石的鉴定必须使用宝石的专用设备,在宝石无任何损坏的情况下进行。主要从光学方面测试,利用宝石的反射效应(光泽、特殊光学效应)、偏振效应、多色性、颜色、折射、色散等。其次从力学性质入手,利用宝石的密度、硬度、解理、断口等进行鉴定。

八、宝石鉴定的常规仪器

1. 放大镜和宝石显微镜

主要通过放大检查来观察宝石的内部包裹体和表面特征。

2. 偏光仪

主要判断宝石的光性特征：是均质体还是非均质体；是集合体还是单晶体。

3. 二色镜

二色镜主要是观察彩色透明至半透明宝石的多色性,还可以有效判断有色宝石的光性特征。

4. 天平

天平主要是用来称宝石质量和测密度。

5. 折射仪

利用折射仪可以测定宝石的折射率值、双折射率值、光性特征等性质。

6. 荧光灯

荧光灯是一种重要的辅助型鉴定仪器,主要观察宝石的发光性。

7. 滤色镜

查尔斯滤色镜是一种简便快速的辅助鉴定工具,

最初的设计目的是用来快速区分祖母绿与其仿制品,但在鉴定祖母绿的作用方面越来越受到限制。

8. 热导仪

热导仪是根据宝石的导热性能设计并制造的一种用途较为专一的鉴定仪器,主要用于鉴定钻石及其仿制品。

九、课后拓展

1. 举例说明目前市场上属于广义宝石的材料有哪些。
2. 我国宝石分类的原则是什么?
3. 举例说明具有特殊光学效应宝石的命名原则。
4. 下列宝石中名称错误的有哪些?

南非钻石　　变石蓝宝石　　变石猫眼　　绿宝石　　合成红宝石　　鲁宾石　　红刚玉　　合成品　天然珍珠　　奥地利钻石　　水钻　　再造琥珀　　仿祖母绿　　猫眼　　星光红宝石　　变色石榴石　　染色玛瑙　　蓝宝石(扩散)　　漂白充填翡翠　　蓝宝石拼合石

模块一　常见宝石的鉴别

任务一　红色系宝石的鉴别

 任务导入

王先生到缅甸抹谷旅行,在市场上购得一批红色宝石,回到北京后想再对宝石的真伪或品种进行鉴定确认,就带着样品来到了 ZZ 宝石鉴定中心,请工作人员确定这批红色宝石的品种。

宝石鉴定中心是做什么的？

◆ 珠宝鉴定机构主要从事珠宝玉石鉴定和钻石 4C 分级,可以根据测试结果,结合送样人的要求,出具具有法律效力的鉴定证书和报告。

◆ 在鉴定机构客户送来样品后,第一步由前台收样人接收样品,并结合客户需求填写"收样单";第二步:将样品和收样单送至检测员处,由检测员对样品进行测试,结合三项有鉴定意义的测试结果,对样品定名;第三步:检测完毕后,结合检测结果和客户需求,打印鉴定证书;最后,将样品与证书核实,发放给送样人。

◆ 本次任务主要结合第二步,对本批次红色系宝石进行鉴定。

 鉴定步骤

第一步

准备鉴定仪器和鉴定样品,见表 1-1-1、表 1-1-2。

表 1-1-1 器具准备

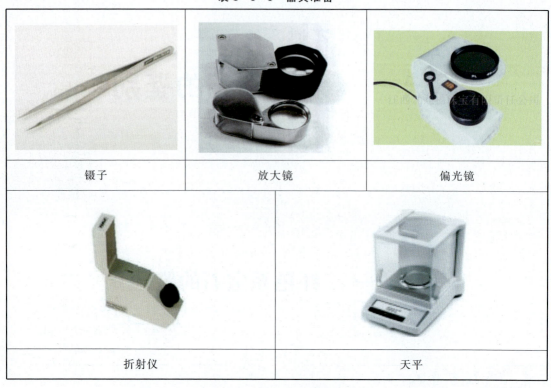

镊子	放大镜	偏光镜
折射仪		天平

表 1-1-2 待测样品准备

宝石鉴定中用的镊子都一样吗？

宝石镊子是一种具尖头的夹持宝石的工具，内侧常有凹槽或"♯"纹以夹紧和固定宝石。宝石镊子可根据尖端的大小不同分为大、中、小号，中号和大号适用于大颗粒宝石，小号则适用于颗粒小的宝石。镊子还可分为带锁和不带锁两种。

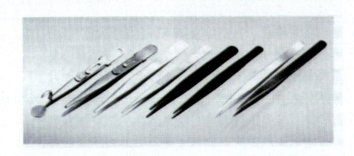

市场上常见的红色系宝石都有哪些？

市场中常见的红色系宝石主要有碧玺、红宝石、尖晶石、石榴石、玻璃五种，这几种宝石的红色样品十分相近，非专业人士很难区分，如要对待测样品进行定名，就需要送到专业鉴定机构，由专业人士应用专业的检测手法对样品进行鉴定。

如何对这些宝石样品进行鉴定？

首先，对待测样品进行肉眼观察，再利用放大镜观察宝石内部特征，其次规范操作偏光镜、折射仪、天平，检测出以上宝石样品的光性、折射率和密度，根据测试结果判断宝石种属，准确地填写到记录单上。

第二步
对待测样品进行肉眼观察，具体见表1-1-3。

你知道肉眼观察主要观察什么吗？

肉眼观察主要是对宝石的颜色、光泽、透明度、特殊光学效应、琢型等外部特征进行观察。第一，颜色主要可以从色调、深浅、颜色变化等方面进行描述，例如红色、粉红色、橙红色等。第二，光泽主要是指宝石的表面反射可见光的能力，一般常见金刚光泽、玻璃光泽、珍珠光泽等。第三，透明度是宝石对可见光透光的程度，一般常见透明、半透明、不透明等。第四，特殊光学效应具有特殊性，只存在于较少数的宝石品种中，一般常见猫眼效应、星光效应等。

表 1-1-3

序号	操作图示	操作步骤详解
1	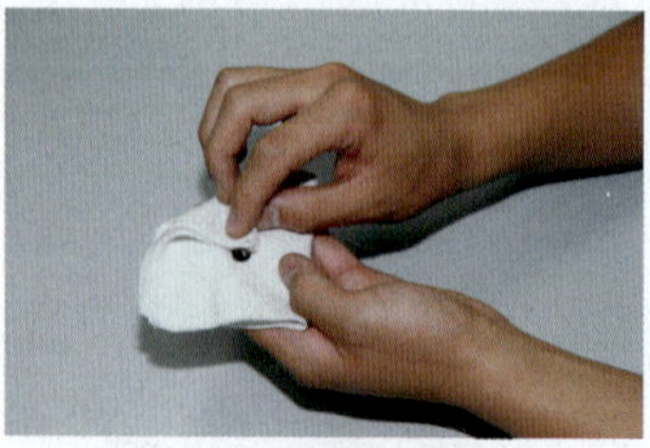	用麂皮擦拭、清洁宝石
2		用手或镊子将宝石放在视野中央,对宝石进行观察
3	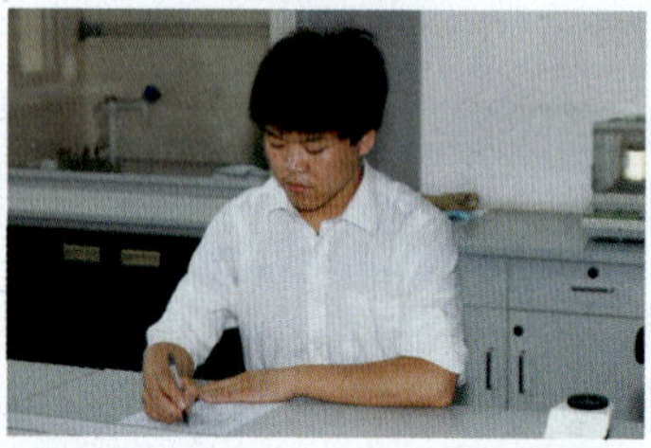	在检测记录单上,记录肉眼观察的各项结果
4	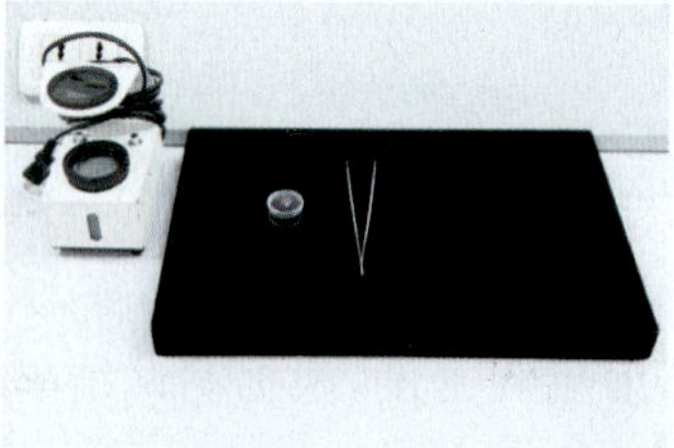	将标本归位放置在标本盒内,清洁操作台

你知道红色系宝石有哪些肉眼观察特征吗?具体见表 1-1-4。

表 1-1-4

宝石品种	颜色	光泽	透明度	特殊光学效应
红宝石	红、玫瑰红、紫红色、褐红	玻璃至亚金刚	透明至半透明	星光效应
尖晶石	红色、橙红、粉红色、紫红	玻璃至亚金刚	透明至不透明	星光效应
石榴石	红色、粉红、紫红、橙红	玻璃至亚金刚	半透明至不透明	星光效应、变色效应、猫眼效应
碧玺	玫瑰红、粉红、红色	玻璃光泽	透明至不透明	猫眼效应、变色效应
玻璃	红、粉红	玻璃光泽	透明至半透明	猫眼效应、星光效应

请将待测宝石的外观特征依编号顺序填写到表 1-1-5 中。

表 1-1-5

样品编号	颜色	光泽	透明度	特殊光学效应
A				
B				
C				
D				
E				

宝石颜色如何描述？

确定宝石的颜色要在明亮的自然光下进行,只能以色描色,不能以物描色。

宝石为单一颜色时,直接参与定名,由于有时与标准色具深浅之别,可在标准色前冠以深、浅等形容词,如深灰色、浅灰色、暗紫红色。

同种宝石中出现多种单一颜色,并且有主次之分时,主要颜色参与定名,次要颜色放在描述中加以叙述。

同种宝石中出现三种以上单一颜色且比例相近时,定名为杂色。

宝石中出现的颜色不是单色,而是复合色时,将次要色作为形容词放在主色之前,如灰绿色、黄褐色、绿灰色等。

玻璃光泽和金刚光泽有什么区别？

矿物光泽是指矿物对可见光反射的能力。玻璃光泽如同玻璃表面所反射的光泽;金刚光泽就是如同表面金刚石般的光泽。

宝石透明度如何划分？

透明,能容许大部分光透过,当隔着宝石观察其后面的物体时,可以看到清晰的轮廓和细节。

半透明,能容许部分光透过,当隔着宝石观察其后面的物体时,仅能见到物体轮廓的阴影。

不透明,基本上不容许光透过,光线被宝石全部吸收或反射。

透明　　　　　　半透明　　　　　　不透明

什么是星光效应？什么是变色效应？

星光效应：在平行光线照射下，以弧面形切磨的某些珠宝玉石表面呈现出两条或两条以上交叉亮线的现象，称为星光效应，如左图所示。

变色效应：宝石在日光照射下呈蓝绿色，而在白炽灯光照射下呈紫红色，这种现象称为变色效应，如右图所示。

第三步
用放大镜对待测样品进行检测，具体见表1-1-6。

表1-1-6

序号	操作图示	操作步骤详解
1	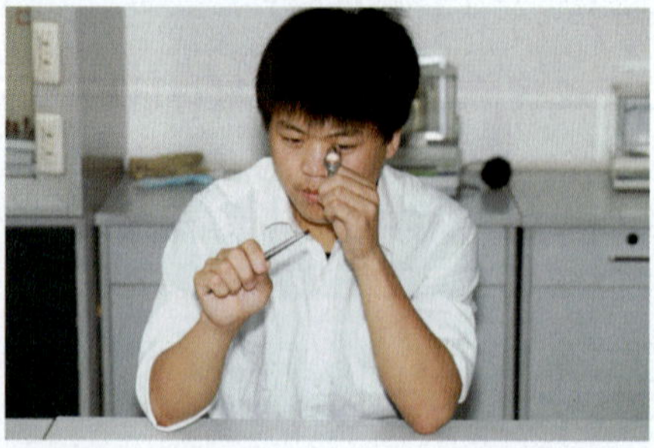	一只手用拇指和食指控制镊子的开合，用力需适当，夹住宝石；另一只手将放大镜尽可能地靠近眼睛

续表 1-1-6

序号	操作图示	操作步骤详解
2	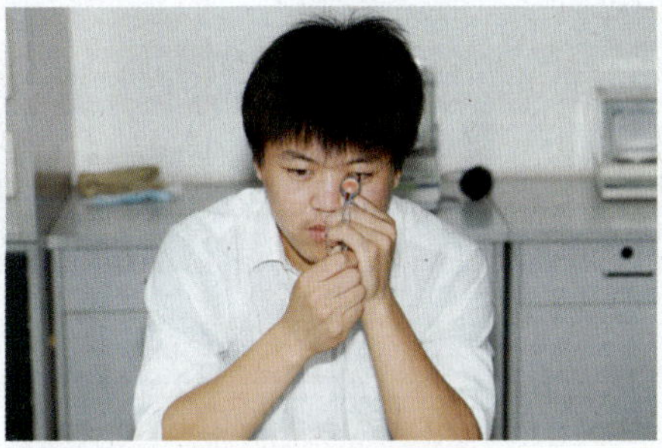	将放大镜置于距样品约 2.5cm 处，双眼睁开，避免眼睛疲劳
3	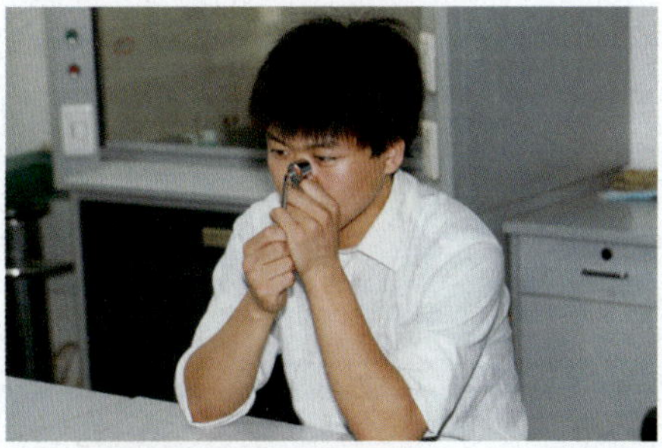	调整宝石与光源的角度，观察宝石的外部特征和内部特征
4	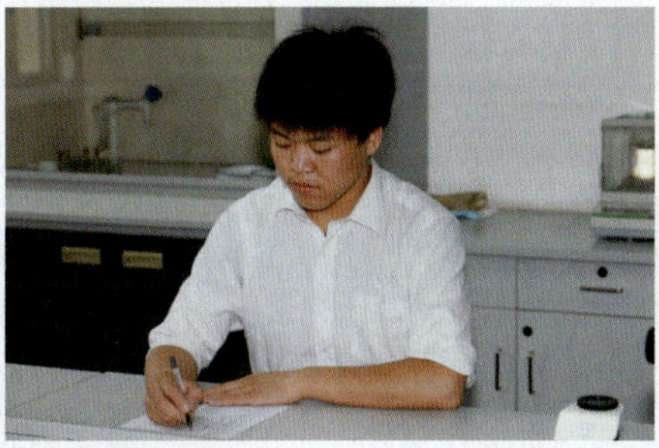	在检测记录单上记录宝石的内、外部特征

你知道红色系宝石的放大检查有什么内部特征吗？具体见表 1-1-7。

表 1-1-7

宝石品种	放大检查内部特征	典型特征图片	
红宝石	平行、角状色带；指纹状、雾状、丝状以及矿物包裹体	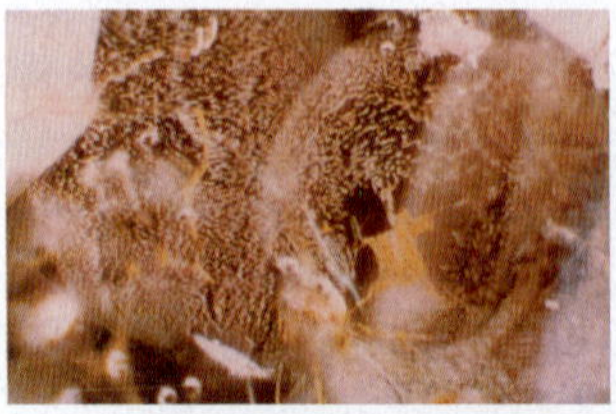 指纹状包裹体 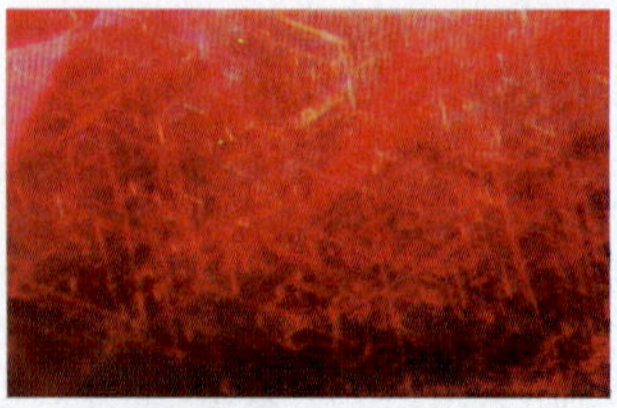	丝状包裹体
尖晶石	小的八面体矿物包裹体，针状包裹体	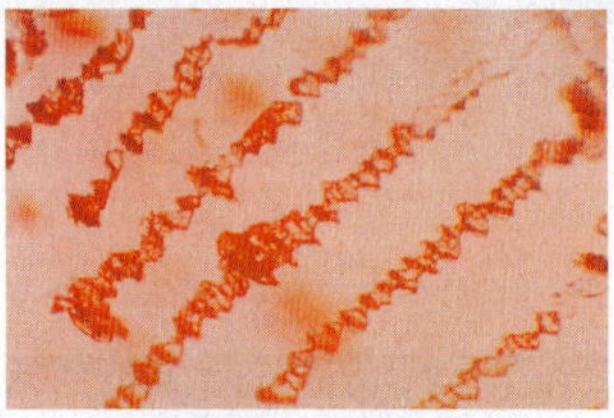 八面体包裹体	
石榴石	波浪状、浑圆状包裹体	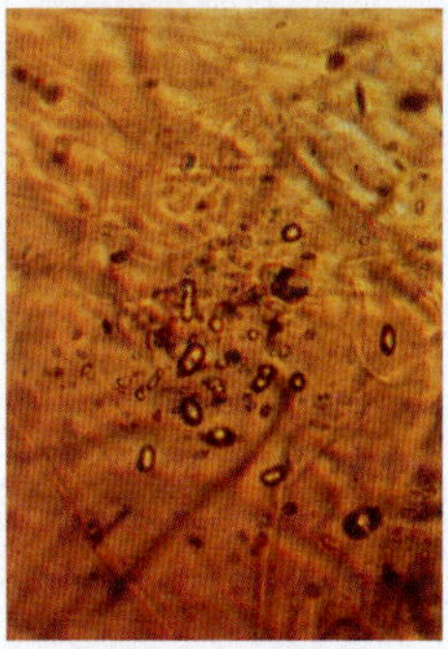 浑圆状包裹体	
碧玺	重影，管状包裹体	 管状包裹体 	重影
玻璃	气泡、漩涡纹		

请将待测宝石的放大检查内部特征依编号顺序填写到表 1-1-8 中。

表 1-1-8

样品编号	放大检查内部特征
A	
B	
C	
D	
E	

由于红宝石价格高,市场上出现了许多合成红宝石,你知道如何鉴定吗?

合成红宝石与天然红宝石相比,颜色过于鲜艳纯正,鉴定时主要通过放大检查观察其内部特征。

合成红宝石内部常常含有弧形生长纹、气泡、助熔剂残余、金属片或者锯齿状、波纹状包裹体。

合成红宝石晶体

弧形生长纹和气泡

助熔剂残余

金属片

波纹状包裹体

第四步

用偏光镜对待测样品进行检测,具体见表1-1-9。

表1-1-9

序号	操作图示	操作步骤详解
1	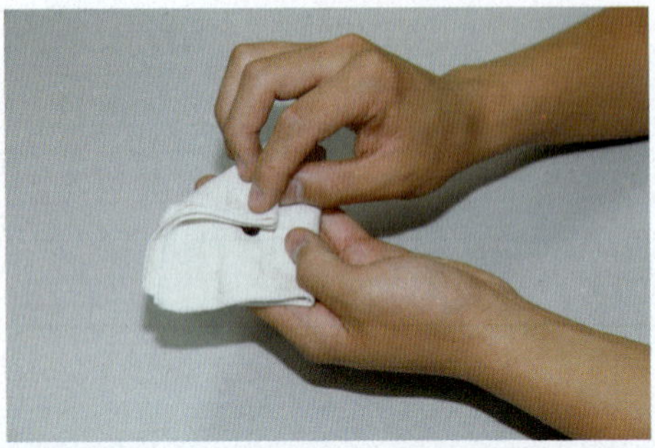	用麂皮擦拭清洁宝石
2	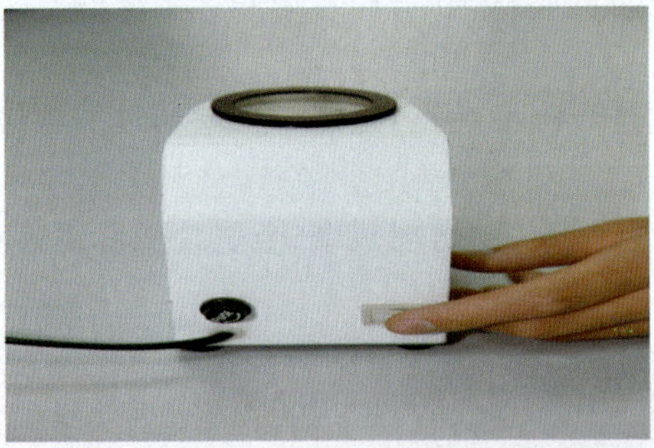	打开偏光镜电源开关
3	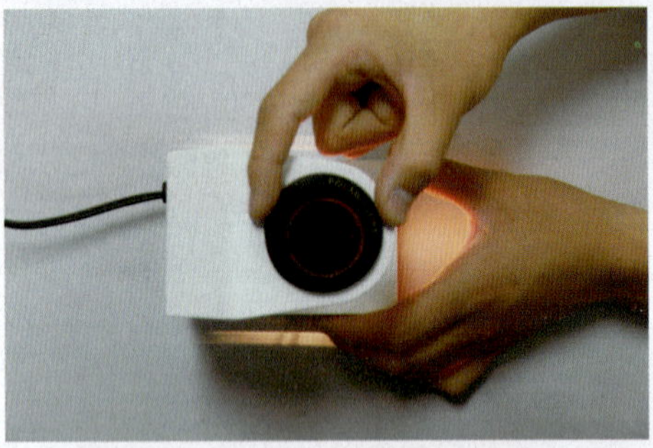	旋转上偏光片直至消光位置
4	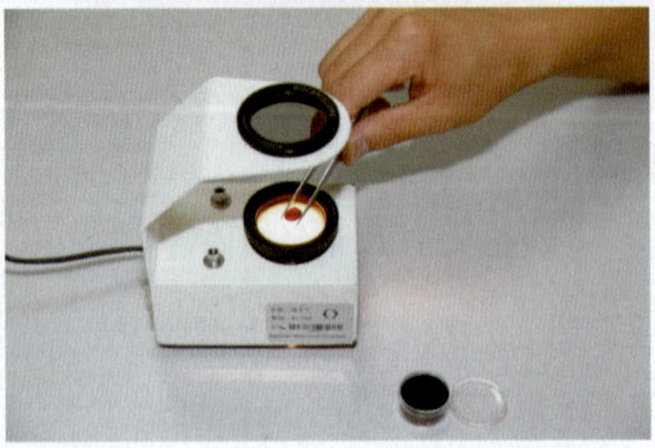	用手或镊子将宝石放在下偏光片上方的玻璃载物台中央

续表 1-1-9

序号	操作图示	操作步骤详解
5	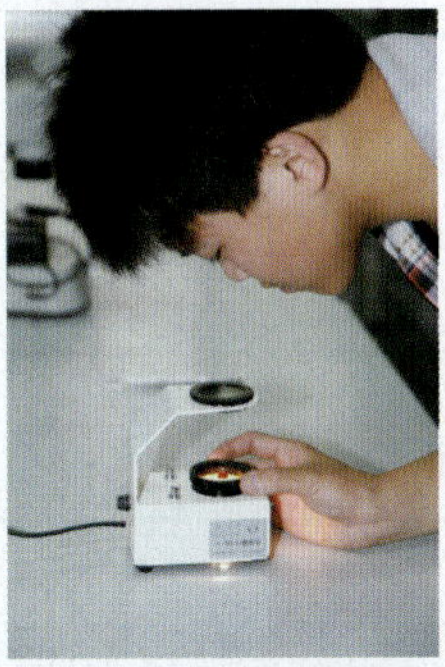	在水平方向上转动载物台 360°，观察宝石的明暗变化
6		结合宝石的镜下现象，对宝石的光性进行判断
7	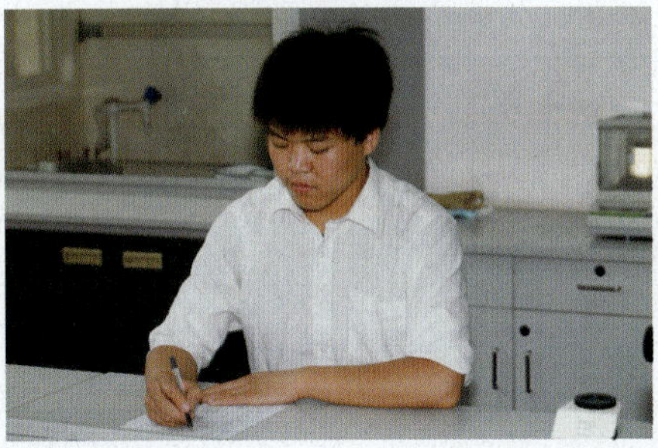	在检测记录单上记录镜下现象和宝石光性
8	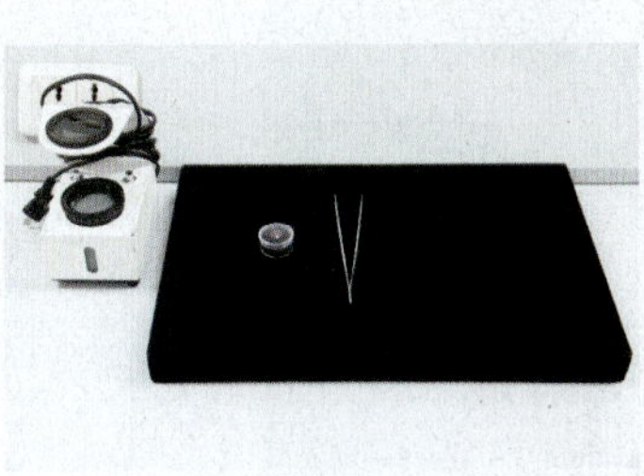	将标本和偏光仪归位，清洁操作台

红色系宝石的偏光镜测试现象有什么不同？具体见表1-1-10。

表1-1-10

宝石种类	偏光镜现象	宝石光性
尖晶石、玻璃、石榴石	全暗	均质体
尖晶石、玻璃、石榴石	异常消光	均质体
碧玺、红宝石	四明四暗	非均质体

请将待测宝石的偏光镜现象和宝石光性依编号顺序填写到表1-1-11中。

表1-1-11

宝石种类编号	偏光镜现象	宝石光性
A		
B		
C		
D		
E		

第五步

采用近视法，使用折射仪对待测样品进行检测，具体见表1-1-12。

表1-1-12

序号	操作图示	操作步骤详解
1	 	用酒精棉擦拭宝石和棱镜

续表 1-1-12

序号	操作图示	操作步骤详解
2	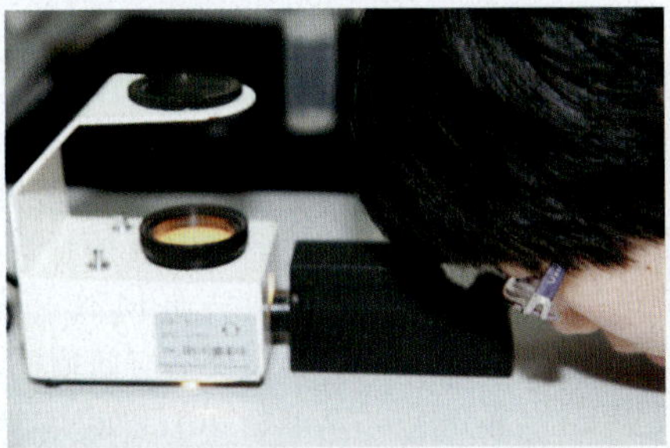	打开光源,观察视域的清晰程度
3	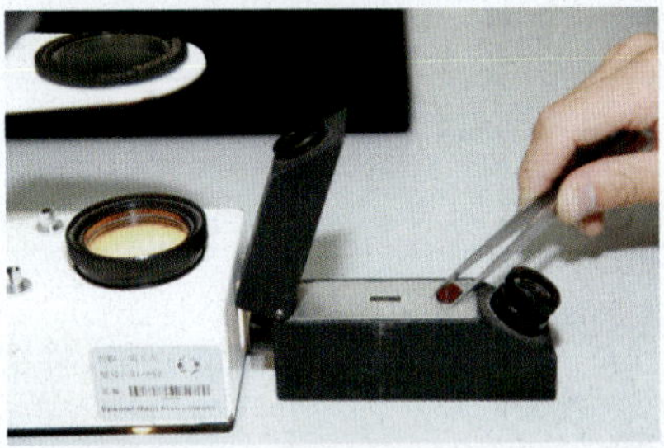	选择宝石最大刻面,放置于金属台上
4	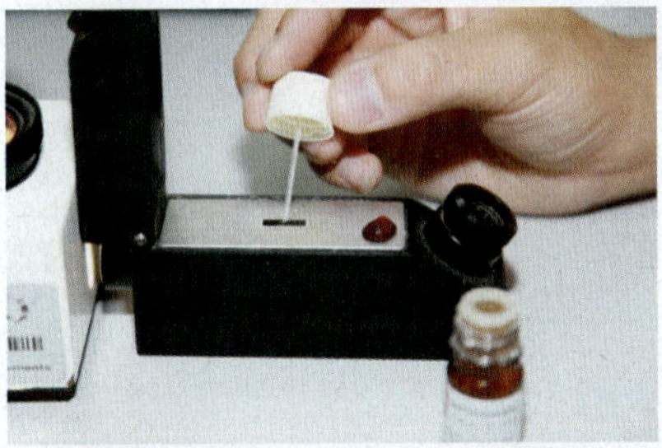	在棱镜中央轻轻点一小滴接触液,通常以液滴直径约 2mm 为宜
5		轻推宝石至棱镜中央,使宝石通过接触液与棱镜产生良好的光学接触
6		眼睛靠近目镜观察视域内标尺的明暗情况,读数。读数可精确到小数点后第三位

续表 1-1-12

序号	操作图示	操作步骤详解
7		用手指轻轻转动宝石360°，每转一定角度进行一次观察，读数并记录。（所转动角度依据观察者的经验和宝石的情况而定。初学者应每转动15°读一次数，这样虽准确但所需时间较长；经验丰富者可转动30°～90°不等进行观察和读数。）
8	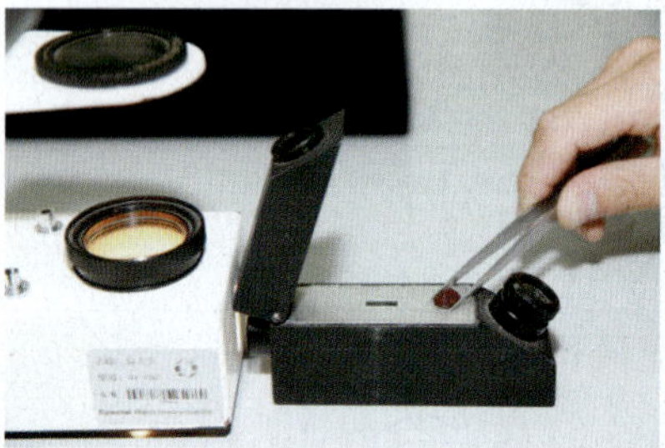	测试完毕，将宝石轻推至金属台上，取下
9	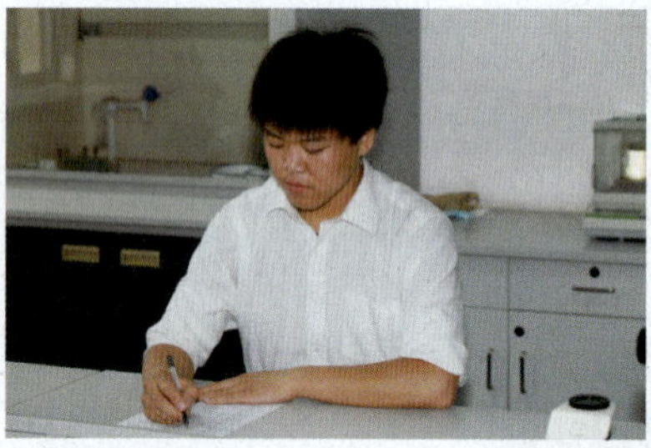	在检测记录单上记录数据
10	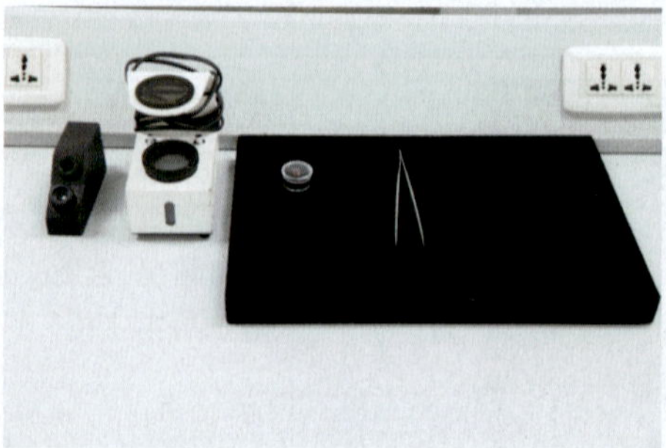	清洗宝石和棱镜，将宝石和棱镜归位，清洁操作台。（清洗棱镜时要注意将沾有酒精的棉球或镜头纸沿着一个方向擦洗，以防接触液中析出的硫划伤棱镜。）

请观察下面两个图,它们的琢型有什么特点?

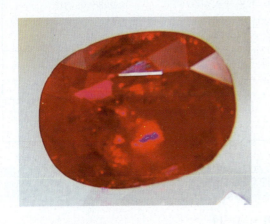 

彩色宝石种类繁多,其加工款式也多种多样,上左图的类型为刻面型,上右图的类型为素面型。

刻面型又称棱面型、翻光面型和小面型。它的特点是宝石由许许多多具一定几何形状的小面组成,形成一个规则的立体图案(下图为常见的刻面型琢型类型)。

椭圆式　　　　橄榄式　　　　梨式

弧面型又称素面型或凸面型,也有人称为腰圆。它的特点是宝石至少有一个弯曲面(以下为常见的弧面型琢型类型)。

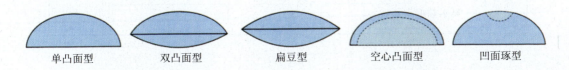

单凸面型　　双凸面型　　扁豆型　　空心凸面型　　凹面琢型

当样品为刻面型时,采用近视法或刻面法;当样品为弧面型时,采用远视法(也称点测法)。

红色系宝石的折射率有什么区别?具体见表 1-1-13。

表 1-1-13

宝石种类	折射率	双折射率
红宝石	1.762~1.770(+0.009,-0.005)	0.008~0.010
尖晶石	1.718(+0.017,-0.008)	无
石榴石	1.71~1.94	无
碧玺	1.624~1.644	0.02
玻璃	1.47~1.70	无

请将待测宝石的折射率读数依编号顺序填写到表 1-1-14 中。

表 1-1-14

样品编号		过程性读数				最终读数
	标本转动角度	0°	90°	180°	270°	
样品 A	折射仪显示数据 最大值					
	最小值					
样品 B	折射仪显示数据 最大值					
	最小值					
样品 C	折射仪显示数据 最大值					
	最小值					
样品 D	折射仪显示数据 最大值					
	最小值					
样品 E	折射仪显示数据 最大值					
	最小值					

为什么有的宝石无法看到折射率？

接触液可以由不同的液体配制而得，现在一般实验室所选用的都是折射率为 1.78 或 1.81 的接触液，当所测宝石的折射率超过 1.78 或 1.81 时，在目镜内只能看到 1.78 或 1.81 的折射油边界线，在这种情况下，此宝石的折射率无法测量，可以记录为＞1.78 或＞1.81 或不可测。

具体数值根据所选用的折射油种类而定。

折射油的味道闻起来好刺鼻呀!

常用的折射油为折射率 1.78 或 1.81 的折射油,主要成分为硫的二碘甲烷和溶液,二碘甲烷具有强挥发性和强刺激性气味,对人的呼吸系统有较大危害,因此在使用中要注意以下几点:
(1)必须避光密封保存。
(2)使用时应严格控制用量,测试完毕及时清洗残余折射油。
(3)使用时要注意周围环境,应保证良好的通风,确保空气流通。

第六步

采用静水力学法对待测样品进行相对密度检测,具体见表 1-1-15。

表 1-1-15

序号	操作图示	操作步骤详解
1	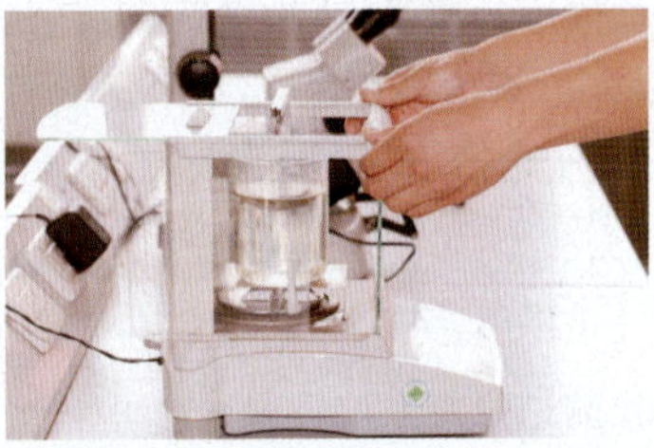	检查天平:①保持天平水平;②应校准并调至零位;③保证环境的相对静止,如防止天平台震动、空气对流等;④确认天平内宝石周围不能附着气泡,支架、烧杯不能与天平托盘接触,铜丝不能与烧杯接触等;⑤确认烧杯内水量达到了烧杯的三分之二处
2	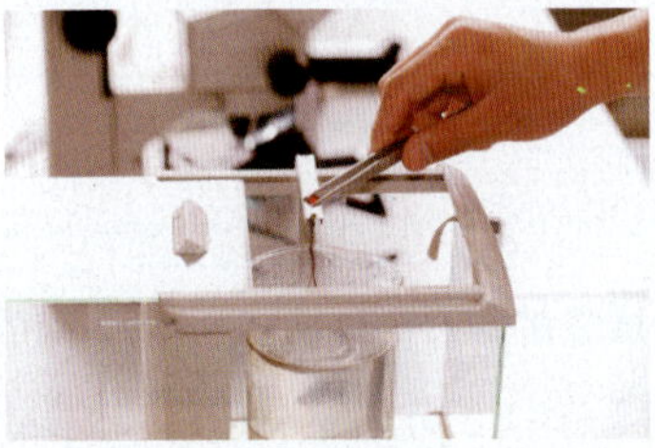	将宝石放置在铁架上
3		记录天平读数,保留三位小数,将天平调至零位

续表 1-1-15

序号	操作图示	操作步骤详解
4	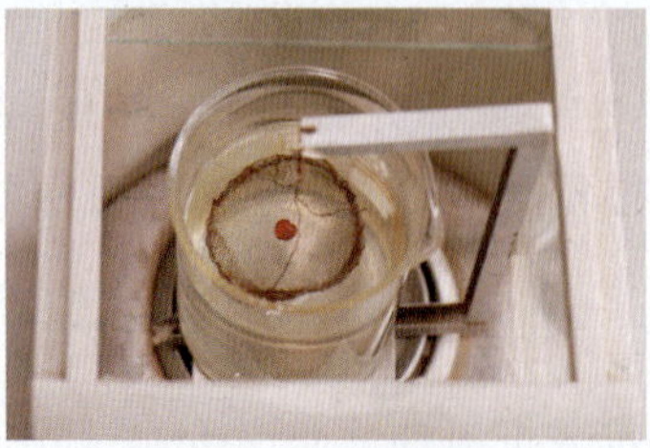	将宝石从铁架上取下,放置在烧杯中的铁架漏斗中
5		记录天平读数,保留三位小数
6	采用静水力学法宝石相对密度(也可称为比重)计算公式计算宝石相对密度,公式如下:宝石相对密度$=P/(P-U)\times$液体的比重(其中 P 为宝石在空气中的质量,U 为宝石在水中(4℃)的质量,水的比重为 1。在宝石的比重值后加上密度单位 g/cm^3,即为宝石密度,结果保留两位小数)	
7	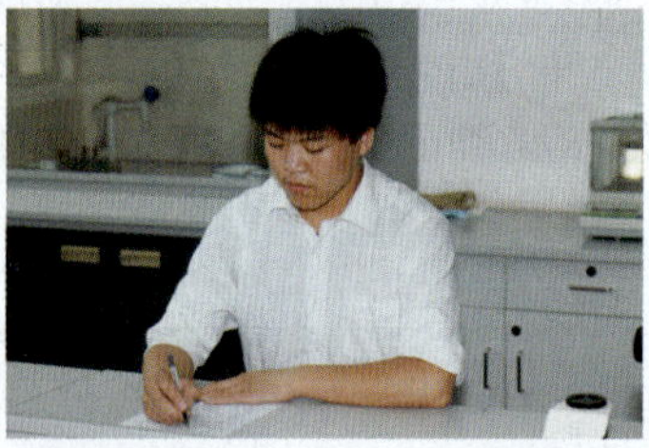	在检测记录单上记录测试结果
8	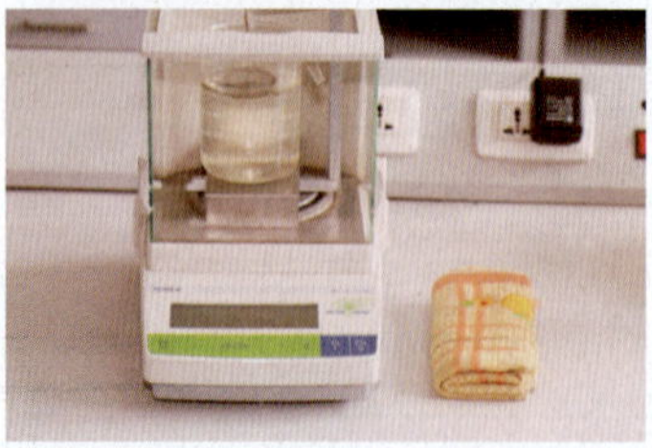	擦拭洒落在天平和桌面上的水,清洁天平

红色系宝石的相对密度有什么不同呢? 见表 1-1-16。

表 1-1-16

宝石种类	红宝石	尖晶石	石榴石	碧玺	玻璃
相对密度	4.00	3.60	3.50~4.30	3.06	2.20~6.30

请将待测宝石的天平读数依编号顺序填写到表1-1-17中。

表1-1-17

样品编号	过程性数据			宝石相对密度
	宝石在空气中的质量	宝石在水中的质量	宝石在空气中的质量-宝石在水中的质量	
A				
B				
C				
D				
E				

第七步

综合测试结果,对待测样品进行定名,见表1-1-18。

表1-1-18

样品编号	A	B	C	D	E
定名					

实训检测

我的心得体会

_____
_____
_____
_____
_____
_____
_____

要求：请用放大镜、折射仪、偏光镜和天平对红色系宝石标本进行检测，判断宝石种类。

<table>
<tr><th rowspan="2"></th><th colspan="3">肉眼观察</th><th colspan="2">放大检查</th><th colspan="2">偏光镜测试</th><th>折射仪测试</th><th>静水力学法测试</th><th colspan="2">观察结果</th></tr>
<tr><th>颜色</th><th>透明度</th><th>光泽</th><th>特殊光学效应</th><th>内部特征</th><th>镜下现象</th><th>光性</th><th>折射率</th><th>相对密度</th><th>鉴定名</th></tr>
</table>

学生填写	颜色	透明度	光泽	特殊光学效应	内部特征	镜下现象	光性	折射率	相对密度	鉴定名
样品 A										
样品 B										
样品 C										
样品 D										
样品 E										

教师填写		
评价标准	颜色、透明度、光泽、特殊光学效应描述的准确性	1.仪器操作的规范性 2.测试结果的正确性	定名的准确性
评价结果			
课业成绩			

 知识链接

红宝石的传说

红宝石的英文名为 Ruby，在《圣经》中红宝石是所有宝石中最珍贵的。红宝石炙热的红色使人们总把它和热情、爱情联系在一起，被誉为"爱情之石"，象征着热情似火，爱情的美好、永恒与坚贞。不同色泽的红宝石来自不同的国度，却同样意味着一份吉祥。红色永远是美的使者，红宝石更是将祝愿送予他人的最佳向导。红宝石的红色之中，最具价值的是颜色最浓、被称为"鸽血红"的宝石。这种几乎可称为深红色的鲜艳、强烈色彩，更把红宝石的真面目表露得一览无余。遗憾的是大部分红宝石颜色都是呈淡红色，并且有粉红的感觉，因此带有鸽血色调的红宝石就更显得有价值。由于红宝石弥漫着一股强烈的生气和浓艳的色彩，以前的人们认为它是不死鸟的化身，对其产生了丰富的幻想。传说左手戴一枚红宝石戒指或左胸戴一枚红宝石胸针就有化敌为友的魔力。

人们钟爱红宝石，把它看成爱情、热情和品德高尚的象征。传说佩戴红宝石的人将会健康长寿、爱情美满、家庭和谐。国际宝石界把红宝石定为"七月生辰石"，是高尚、爱情、仁爱的象征。在欧洲，王室的婚庆上，依然将红宝石作为婚姻的见证。国际宝石市场上把鲜红色的红宝石称为"男性红宝石"，把淡红色的称为"女性红宝石"。男人拥有红宝石，就能掌握梦寐以求的权力；女人拥有红宝石，就能得到永世不变的爱情。

世界上最大的红宝石

卡门·露西亚红宝石，斯密逊博物馆（美国国家自然历史博物馆）收藏，是目前展出的最大的优质刻面红宝石。它重达 23.1ct，是一颗无与伦比的宝石。卡门·露西亚红宝石 20 世纪 30 年代来源于缅甸，以后颠沛辗转于欧洲，80 年代被美国一位宝石收藏家收购。

红宝石象征着爱情，这颗天下无双的红宝石里也饱含着一段令人荡气回肠的爱情。2004 年美国富翁皮特·巴克以其妻子卡门·露西亚·巴克的名义将其捐赠给斯密逊博物馆。卡门·露西亚出生于巴西，在美国留学时邂逅了皮特·巴克，1978 年与皮特·巴克结婚。

红宝石的产地

世界上红宝石产地屈指可数，主要有缅甸、泰国、斯里兰卡、越南、坦桑尼亚和中国等。

（1）缅甸红宝石：颜色纯正，色泽鲜艳，饱和度浓烈。缅甸抹谷是世界上最精美的红宝石的产地，以"鸽血红"闻名于世，以至于"缅甸红宝石"成为商业上优质红宝石的代名词。缅甸抹谷红宝石具有鲜艳的玫瑰红色，其红色的最高品级称为"鸽血红"，即红色纯正，且饱和度很高。日光下显荧光效应，其各个刻面均呈鲜红色，熠熠生辉。常含丰富的细小金红石针雾，形成星光。颜色分布不均匀。另外在缅甸的孟索矿区新近发现的一种红宝石矿，其颜色呈暗红、褐红，中间呈不透明的乳白色、蓝色色调，通常它们都要经过热处理后，颜色变得较鲜艳。

(2)泰国红宝石:红宝石颜色较深,透明度较低,呈暗红色调。

(3)斯里兰卡红宝石:颜色品种多,包括各个系列,从浅红到红,透明度高,其中的樱桃红也很有名,它是红色中略带一点粉色调。

(4)越南红宝石:颜色呈紫红色、暗粉紫色,总体颜色介于缅甸红宝石和泰国红宝石之间,是20世纪80年代发现的,裂隙发育。

(5)坦桑尼亚红宝石:颜色为红到紫红,较暗,具黄色色调,裂隙发育。

(6)中国红宝石:目前发现的红宝石总体来说品质较差,无论是颜色、粒度还是透明度,相比较而言,云南的红宝石品质较好,颜色有紫红色、玫瑰红色、浅红色,但是其裂隙较发育,因而影响其透明度。绝大多数只能用做弧面宝石,具刻面宝石品质的原石少见。

课后拓展

查一查(网络或相关书籍)

(1)红宝石是_____月的生辰石。

(2)世界上最著名的红宝石产地是_____。

(3)世界上最著名的弧面型红宝石是_____,重量为_____。

(4)红宝石的矿物学名称为_____。

任务二　蓝色系宝石的鉴别

任务导入

珠宝商李老板到斯里兰卡进货,从斯里兰卡矿主处购得一批蓝色宝石,在购货过程中需要明确这批蓝色宝石的品种以及真伪,李老板于是首先询问斯里兰卡矿主这批宝石是否具有相关鉴定机构出具的相应证书。

国际认可度较高的鉴定机构有哪些?

◆ GIA:美国宝石学院是把钻石鉴定证书推广成为国际化的创始者,在钻石分级和宝石鉴定领域受到全世界的信赖。GIA 钻石分级报告和 GIA 钻石处理报告被认为是世界第一的宝石证书。

◆ HRD:比利时钻石高层议会,主要负责出具钻石等级证书。比利时钻石高层议会总部坐落于世界钻石中心安特卫普。HRD 证书的特色是其出具的钻石颜色证书,该证书的重点在于彩色钻石的颜色等级和天然性。

◆ GRS:瑞士宝石研究实验所,是瑞士籍宝石学博士 Dr. A. Peretti 创办于泰国的一所宝石研究室,其创办于泰国,且发迹于泰国而非瑞士。主要致力于彩色宝石的鉴定以及产地鉴定,国际上流通的彩色宝石多具备 GRS 证书。

◆ NGTC:中国国家珠宝玉石质量监督检验中心,隶属于国土资源部,是国内最为权威的宝石鉴定机构,国内珠宝玉石国家评定标准由其制定。

鉴定步骤

第一步

准备鉴定仪器和鉴定样品,见表 1-2-1、表 1-2-2。

表 1-2-1　器具准备

| 镊子 | 宝石显微镜 | 偏光镜 |

续表 1-2-1

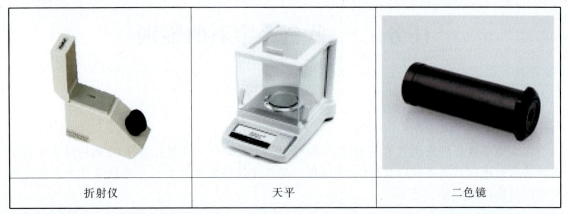

| 折射仪 | 天平 | 二色镜 |

表 1-2-2 待测样品准备

蓝色系宝石常见的品种有哪些?

蓝色系宝石的颜色包括浅蓝色到深蓝色之间的各种蓝颜色,其中最为常见的宝石品种有蓝宝石、绿柱石(海蓝宝石)、托帕石、堇青石、坦桑石、尖晶石六种,这几种宝石单从颜色来看十分相似,仅通过肉眼很难区分开,但是利用专业的鉴定手段和仪器区分这六种蓝色系宝石并不是难事。

如何对这些宝石样品进行鉴定?

首先,对待测样品进行肉眼观察,观察宝石的光泽、颜色、透明度以及是否具有特殊光学效应;其次,利用放大镜或显微镜对宝石进行放大检查,观察宝石内部特征,宝石内部的包裹体是鉴别宝石品种的关键依据;然后规范操作偏光镜、折射仪、天平以及二色镜测试宝石,检测出宝石样品的光性、折射率、密度以及多色性,根据测试结果判断宝石大致类别,准确填写到记录单上。

第二步
对待测样品进行肉眼观察(具体参见任务一红色系宝石的鉴别第二步肉眼观察)。

你知道蓝色系宝石有哪些肉眼观察特征吗?具体见表1-2-3。

表1-2-3

宝石品种	颜色	光泽	透明度	特殊光学效应
蓝宝石	浅—深蓝色	明亮玻璃光泽	透明至半透明	星光效应、变色效应
绿柱石(海蓝宝石)	天蓝、淡天蓝色	玻璃光泽	透明至不透明	猫眼效应
托帕石	浅蓝色—蓝色	玻璃光泽	半透明至不透明	偶见猫眼效应
堇青石	蓝色、紫蓝色	玻璃光泽	透明至不透明	偶见星光效应、猫眼效应
坦桑石	蓝紫色	玻璃光泽	透明至半透明	猫眼效应
尖晶石	灰蓝色	玻璃光泽	透明至半透明	星光效应、变色效应

请将待测宝石的外观特征依编号顺序填写到表1-2-4中。

表1-2-4

样品编号	颜色	光泽	透明度	特殊光学效应
A				
B				
C				
D				
E				
F				

你知道蓝宝石和红宝石有什么关系吗？

从名字上看，可以发现红宝石和蓝宝石最大的不同是颜色。其实蓝宝石和红宝石都是刚玉这一矿物品种，也就是说红宝石和蓝宝石的组成物质是一样的，只是颜色不一样。纯净的刚玉是无色透明的，当刚玉内部混入一些杂质后就会形成多种多样的颜色。如果杂质使刚玉呈现出红色为主的色调，包括深红、橙红、紫红色等，我们就称其为红宝石；除红色以外的颜色，我们称其为蓝宝石，因此蓝宝石不仅有蓝色，还包括无色蓝宝石、黄色蓝宝石、绿色蓝宝石等。

你知道绿柱石有多少个品种吗？

绿柱石矿物的颜色变化多样，因而绿柱石的宝石品种很多。其中，祖母绿和海蓝宝石是绿柱石中最常见的两个品种。此外，还有无色绿柱石、绿色绿柱石、黄色绿柱石、粉红绿柱石、金绿柱石等品种。

第三步
用宝石显微镜对待测样品进行检测，具体见表1-2-5。

你知道显微镜由哪几部分构成吗？

除了手持式放大镜外，通常还可以使用宝石显微镜进行放大检查。宝石显微镜放大倍数一般可以达到 40 倍,与手持式放大镜相比,可以观察到更多细节。显微镜的结构由双目目镜、可变放大物镜、显微镜支架和底光源四个部分组成。

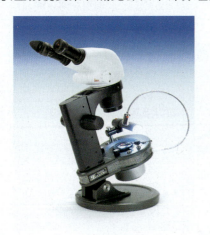 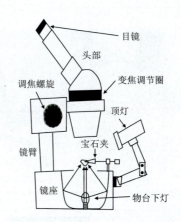

注意事项:
(1)清洗宝石,防止宝石表面灰尘影响观察;
(2)不要用手触摸镜头,避免污染镜头;
(3)光源强度要调整适当,以免直视光线导致眼睛不适。

你知道如何操作显微镜对宝石进行放大检查吗?具体见表 1-2-5。

表 1-2-5

序号	操作图示	操作步骤详解
1	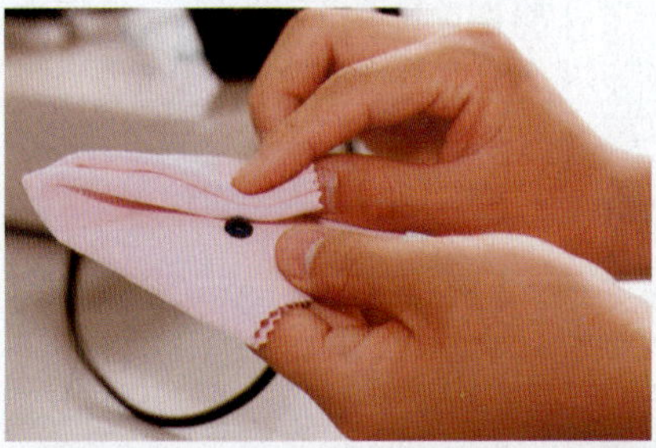	用清洁布清洗宝石
2	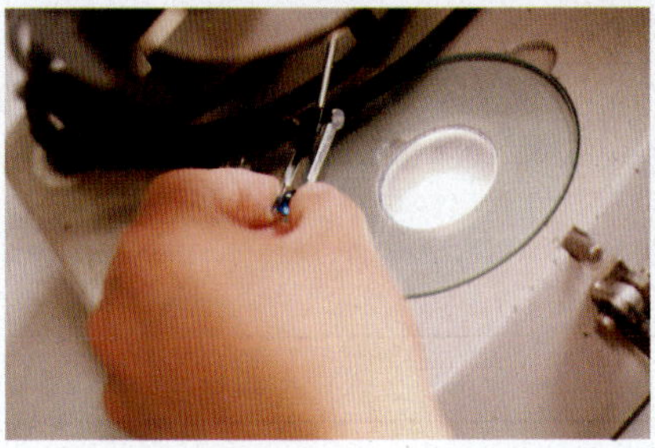	将宝石固定在显微镜自带的夹子上

续表 1-2-5

序号	操作图示	操作步骤详解
3	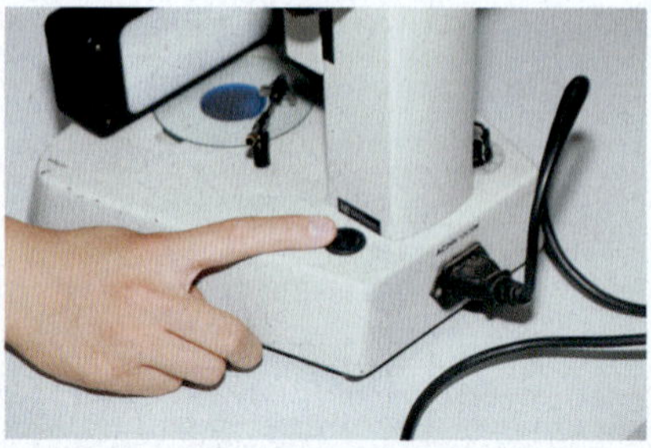	打开显微镜底部光源开关
4	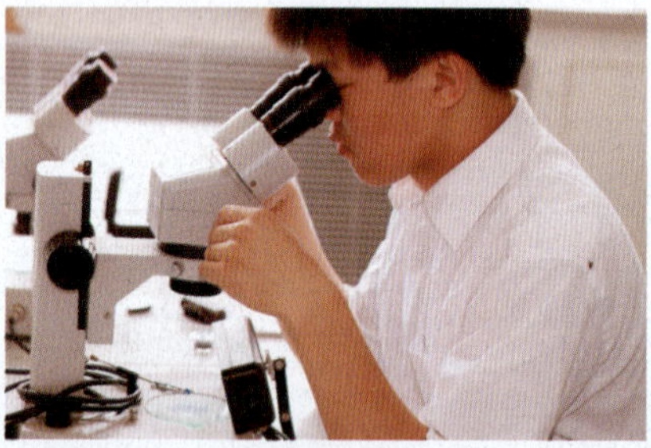	眼睛靠近目镜，两手调节调焦螺旋，用低倍数观察宝石，看清宝石整个外观
5	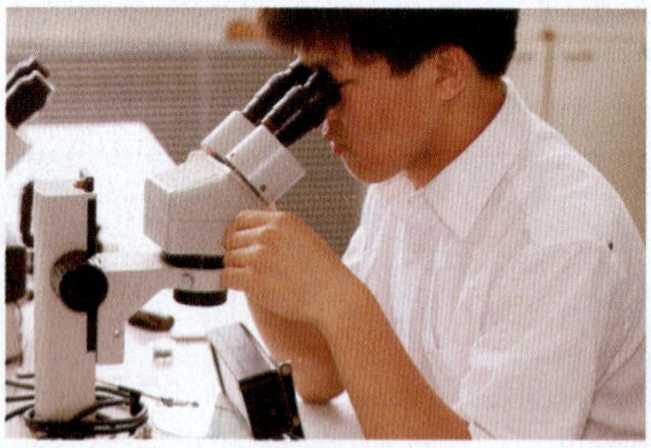	根据需要调节调焦螺旋，改变放大倍数，再对宝石内部特征进行观察
6		调整光源，打开顶灯，观察宝石的外部特征

续表 1-2-5

序号	操作图示	操作步骤详解
7	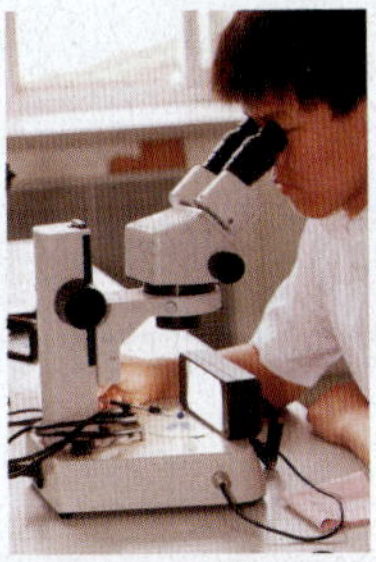	转动固定宝石的夹子，从各个角度观察宝石
8	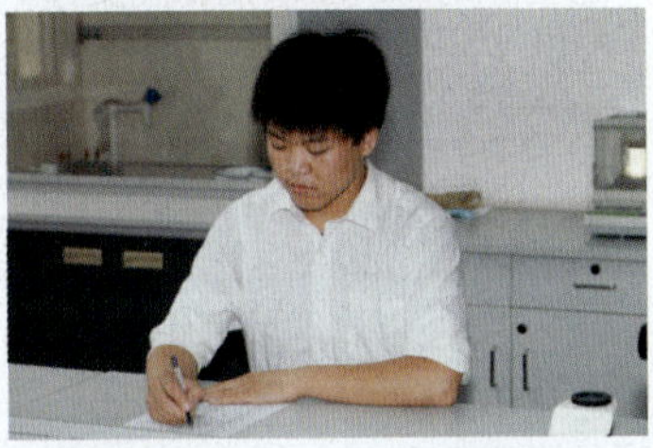	在检测记录单上记录宝石的内、外部特征

你知道蓝色系宝石的放大检查有什么内部特征吗？见表 1-2-6。

表 1-2-6

宝石品种	放大检查内部特征	典型特征图片
蓝宝石	平行、角状色带；指纹状、雾状、丝状以及矿物包裹体	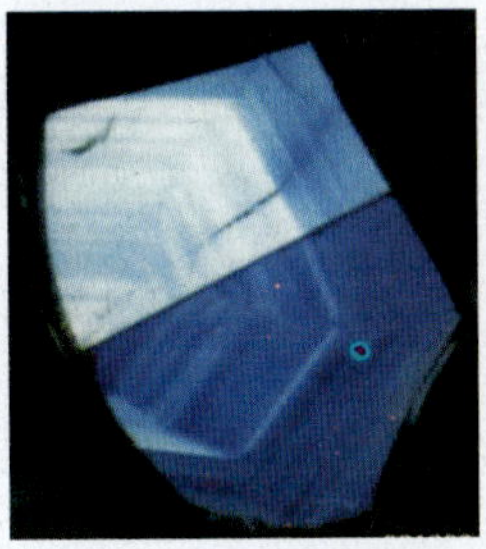 色带 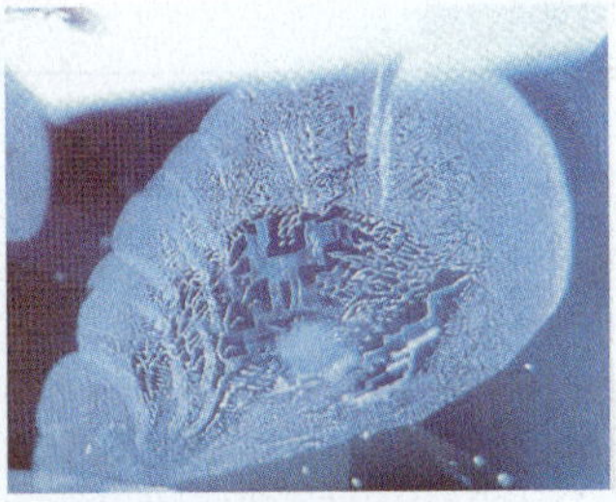　　　　指纹状包裹体
海蓝宝石	平行排列管状包裹体，构成雨丝状	 雨丝状包裹体

续表 1-2-6

宝石品种	放大检查内部特征	典型特征图片
托帕石	气液包裹体	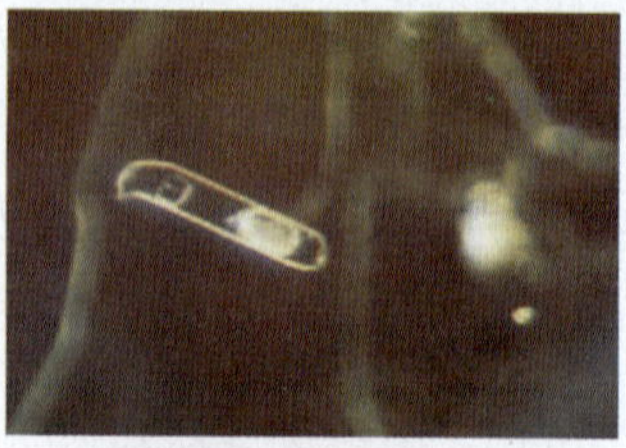 气液包裹体
尖晶石	小的八面体矿物包裹体，针状包裹体	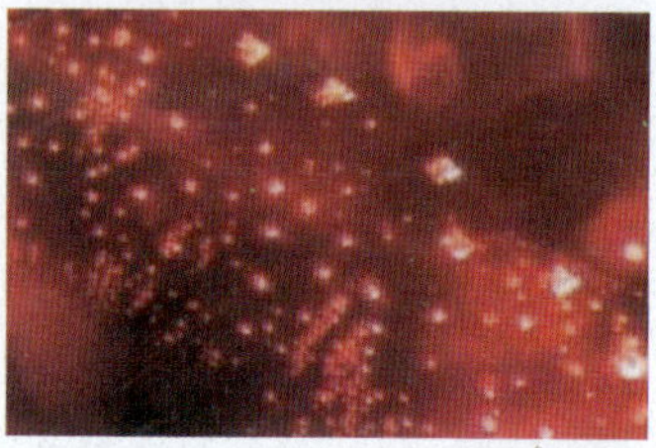 八面体包裹体
堇青石	气液包裹体，颜色分带	
坦桑石	气液包裹体，矿物包裹体	

请将待测宝石的放大检查内部特征依编号顺序填写到表 1-2-7 中。

表 1-2-7

样品编号	放大检查内部特征
A	
B	
C	
D	
E	
F	

和红宝石一样，市场上也有许多合成蓝宝石，你知道合成蓝宝石有哪些鉴别特征吗？

合成蓝宝石与天然蓝宝石相比，鉴定时主要通过放大检查观察其内部特征。

合成蓝宝石内部常常含有弧形生长纹、气泡、助熔剂残余、金属片或者锯齿状、波纹状包裹体。

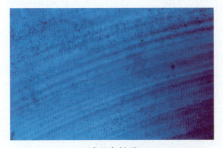
弧形生长纹

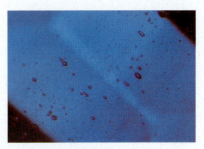
气泡

金属片和助熔剂残余

你知道尖晶石有多少种颜色？

其实，纯净的尖晶石也是无色透明的，当无色尖晶石内部混入致色元素后，尖晶石便呈现各种各样的颜色，包括无色、红色、粉红色、橙色、蓝色、紫色、黄色、绿色、褐色和黑色。

第四步

用偏光镜对待测样品进行检测（具体可见任务一红色系宝石鉴定第四步偏光镜检测）。

你知道偏光镜的结构组成吗？

偏光镜由上、下偏振滤光片构成，并在下偏振片的下方装有光源。下偏光镜固定，上偏光镜可以转动,在下偏光镜上安装有可以转动的载物台。偏光镜大多配有干涉球。

 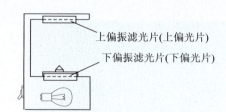

注意事项:

(1)不适用于不透明及透明度不好的宝石;

(2)宝石样品不能太小,否则容易对观察造成困难;

(3)宝石具有许多包裹体或裂隙时容易显示全亮,混淆测试结果。

蓝色系宝石的偏光镜测试现象有什么不同?具体见表1-2-8。

表1-2-8

宝石种类	偏光镜现象	宝石光性
蓝宝石	四明四暗	非均质体
海蓝宝石	四明四暗	非均质体
托帕石	四明四暗	非均质体
堇青石	四明四暗	非均质体
坦桑石	四明四暗	非均质体
尖晶石	全暗	均质体

请将待测宝石的偏光镜现象和宝石光性依编号顺序填写到表1-2-9中。

表1-2-9

宝石种类编号	偏光镜现象	宝石光性
A		
B		
C		
D		
E		
F		

第五步

采用近视法,使用折射仪对待测样品进行检测(具体可见任务一红色系宝石的鉴别第五步折射率检测)。

蓝色系宝石的折射率有什么区别?具体见表 1-2-10。

表 1-2-10

宝石种类	折射率	双折射率
蓝宝石	1.762～1.770(+0.009,-0.005)	0.008～0.010
海蓝宝石	1.577～1.583	0.005～0.009
托帕石	1.619～1.627	0.008～0.010
堇青石	1.542～1.551	0.008～0.012
坦桑石	1.691～1.700	0.009～0.010
尖晶石	1.718	无

请将待测宝石的折射率读数依编号顺序填写到表 1-2-11 中。

表 1-2-11

样品编号	标本转动角度		过程性读数				最终读数
			0°	90°	180°	270°	
A	折射仪显示数据	最大值					
		最小值					
B	折射仪显示数据	最大值					
		最小值					
C	折射仪显示数据	最大值					
		最小值					
D	折射仪显示数据	最大值					
		最小值					

续表 1-2-11

样品编号	标本转动角度	过程性读数				最终读数
		0°	90°	180°	270°	
E	折射仪显示数据 最大值					
	最小值					
F	折射仪显示数据 最大值					
	最小值					

第六步

采用静水力学法对待测样品进行相对密度检测（具体可见任务一红色系宝石的鉴别第六步相对密度检测）。

蓝色系宝石的相对密度有什么不同？具体见表 1-2-12。

表 1-2-12

宝石种类	蓝宝石	海蓝宝石	托帕石	堇青石	坦桑石	尖晶石
相对密度	3.95～4.05	2.72	3.53	2.61	3.35	3.60

请将待测宝石的天平读数依编号顺序填写到表 1-2-13 中。

表 1-2-13

样品编号	过程性数据			宝石相对密度
	宝石在空气中的质量	宝石在水中的质量	宝石在空气中的质量-宝石在水中的质量	
A				
B				
C				
D				
E				
F				

模块一　常见宝石的鉴别　·45·

第七步
用二色镜对待测样品进行检测,具体见表1-2-14。

你知道二色镜的结构吗?

二色镜由菱面体、玻璃棱镜、通光小孔和目镜等部分组成。具有多色性的宝石通过二色镜观察,可以在二色镜中同时看见两种不同颜色,旋转宝石一共可以观察到两种或三种颜色。

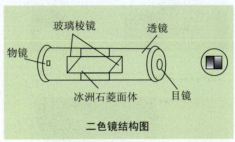

二色镜结构图

注意事项:
(1)观察时采用透射光,光源应为白光或自然光;
(2)待测样品一定为有色、透明、具有双折射的宝石;
(3)待测样品尽量靠近二色镜窗口部位,眼睛紧靠目镜部位进行观察;
(4)观察时要边观察边转动宝石和二色镜。

二色镜的操作步骤是怎样的呢?具体见表1-2-14。

表1-2-14

序号	操作图示	操作步骤详解
1		确定宝石颜色,待测宝石一定为有色的单晶宝石,颜色越深,透明度越好,则越易观察

续表 1-2-14

序号	操作图示	操作步骤详解
2		确定光源为白光,可用灯光或太阳光
3	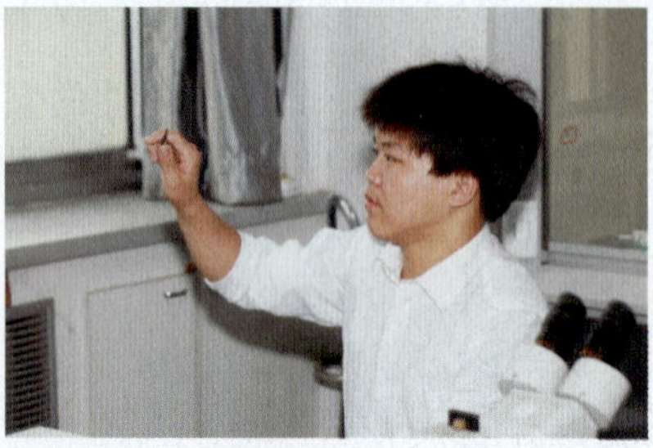	一只手将宝石放置于光源上,稳定住宝石
4	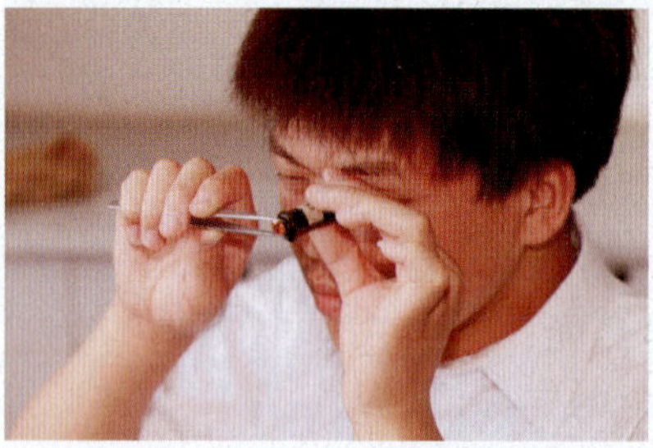	另一只手持二色镜,将待测宝石尽量靠近二色镜的一端,眼睛靠近另一端
5	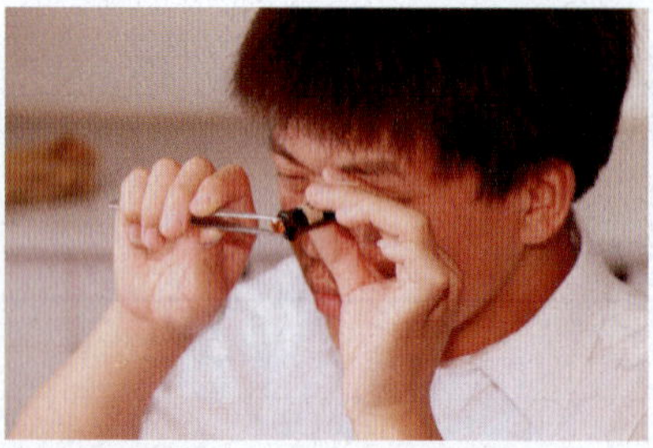	眼睛靠近二色镜,边转动二色镜边观察二色镜两个窗口的颜色差异
6	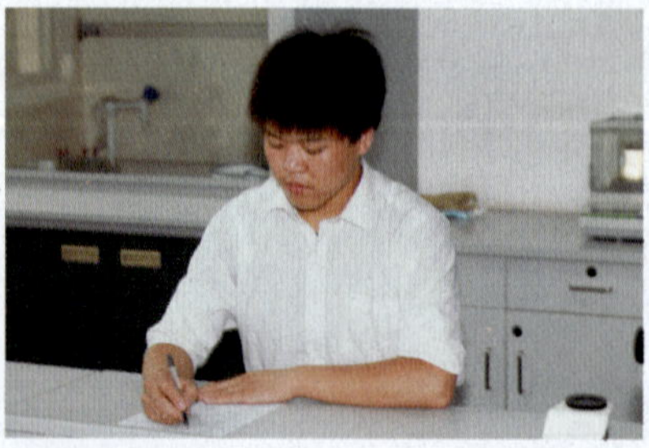	在检测记录单上记录测试结果

蓝色系宝石的多色性特征有哪些？具体见表 1-2-15。

表 1-2-15

宝石品种	多色性特征
蓝宝石	强二色性，蓝/绿蓝或蓝/灰蓝
海蓝宝石	弱至中等二色性，蓝色/浅蓝色
托帕石	弱至中等二色性，蓝色/浅蓝色或浅蓝色/无色
堇青石	强三色性，无色—黄色/蓝灰色/深紫色
坦桑石	强三色性，蓝色/紫红色/绿黄色
尖晶石	无色

请将待测宝石的多色性特征依编号顺序填写到表 1-2-16 中。

表 1-2-16

宝石编号	多色性特征
A	
B	
C	
D	
E	
F	

第八步

综合测试结果，对待测样品进行定名，见表 1-2-17。

表 1-2-17

样品编号	A	B	C	D	E	F
定名						

实训检测

要求：请用显微镜、偏光镜、折射仪、天平以及二色镜对蓝色系宝石标本进行检测，判断宝石种类。

<table>
<tr><th rowspan="2"></th><th colspan="3">肉眼观察</th><th colspan="2">放大检查</th><th colspan="2">偏光镜测试</th><th>折射仪测试</th><th>静水力学法测试</th><th>二色镜测试</th><th rowspan="2">观察结果及定名</th></tr>
<tr><th>颜色</th><th>透明度</th><th>光泽</th><th>特殊光学效应</th><th>内部特征</th><th>镜下现象</th><th>光性</th><th>折射率</th><th>相对密度</th><th>多色性</th></tr>
<tr><td>样品 A</td><td></td><td></td><td></td><td></td><td></td><td></td><td></td><td></td><td></td><td></td><td></td><td></td></tr>
<tr><td>样品 B</td><td></td><td></td><td></td><td></td><td></td><td></td><td></td><td></td><td></td><td></td><td></td><td></td></tr>
<tr><td>样品 C</td><td></td><td></td><td></td><td></td><td></td><td></td><td></td><td></td><td></td><td></td><td></td><td></td></tr>
<tr><td>样品 D</td><td></td><td></td><td></td><td></td><td></td><td></td><td></td><td></td><td></td><td></td><td></td><td></td></tr>
<tr><td>样品 E</td><td></td><td></td><td></td><td></td><td></td><td></td><td></td><td></td><td></td><td></td><td></td><td></td></tr>
<tr><td>样品 F</td><td></td><td></td><td></td><td></td><td></td><td></td><td></td><td></td><td></td><td></td><td></td><td></td></tr>
<tr><td>评价标准</td><td colspan="4">颜色、透明度、光泽、特殊光学效应描述的准确性</td><td colspan="4">1. 仪器操作的规范性
2. 测试结果的正确性</td><td colspan="3">定名的准确性</td></tr>
<tr><td>评价结果</td><td colspan="12"></td></tr>
<tr><td>课业成绩</td><td colspan="12"></td></tr>
</table>

我的心得体会

_____
_____
_____
_____
_____
_____
_____
_____
_____

 知识链接

蓝宝石的产地

(1)印度克什米尔：颜色最好的蓝宝石当数克什米尔的蓝宝石，这种蓝宝石固有的靛蓝色略带紫，珠宝界称之为矢车菊蓝，颜色明度大，鲜艳悦目，看上去像鲜艳的天鹅绒蔚蓝，属优质蓝宝石品种。矿区位于喜马拉雅山脉的西北端，海拔5000多米，终年浓雾笼罩，大地一片白雪茫茫，开采条件极差，一年只有3个月可以找矿。据说1861年起曾大量开采过，现已停止开采，现在流传于市的这种蓝宝石十分珍贵。

(2)缅甸抹谷：缅甸蓝宝石闻名于世，主要产在抹谷地区，缅甸蓝宝石也称为东方蓝宝石，表示极优质的"浓蓝"微紫的宝石。缅甸蓝宝石透明度高、裂隙小，颜色比较接近克什米尔产的蓝宝石，也称得上是佳品，但是产量不多。缅甸蓝宝石颜色有蓝色的、黄色的、灰色的和白色的，多不透明，蓝宝石含绢丝状包体，琢磨成弧面宝石后可呈现六射或十二射星光。美国华盛顿斯密逊博物院的星光蓝宝石"亚洲之星"产于缅甸，重330ct，是世界十大宝石之一。

(3) 斯里兰卡：斯里兰卡蓝宝石和红宝石同属一个矿区，除颜色不同外，其他特点基本相同。其颜色较浅，蓝中带微紫，颜色可能不够均匀，但透明度及色散高。所含的绢丝状包体细而长，与缅甸蓝宝石特点相似，可呈现六射星光。斯里兰卡蓝宝石开采历史悠久，据称已有 2000 多年，是世界上重要的蓝宝石产地。世界上最大的蓝宝石（重达 19.05kg）和世界上第三大的星光蓝宝石（重 362ct）就产于斯里兰卡砂矿中，这里的蓝宝石品质高、产量大，在世界上首屈一指。

(4) 泰国：泰国蓝宝石呈带黑的蓝色、淡灰蓝色。晶体中没有绢丝状包体，但指纹状液态包体发育。最明显的特征是黑色固态包体周围有呈荷叶状展布的裂纹。

(5) 中国：山东昌乐蓝宝石矿床分布面积大，储量多，在世界上也属罕见。宝石级蓝宝石中包裹体极少，除见黑色固态包体之外，尚可见指纹状包体。山东蓝宝石多呈近于炭黑色的靛蓝色、蓝色、绿色和黄色。以靛蓝色为主，蓝色蓝宝石因含铁量高颜色深暗，多需要改色处理，提高透明度，改色后的蓝宝石由于内部瑕疵少，透亮、美丽、悦目。

(6) 澳大利亚：澳大利亚是产量丰富的蓝宝石产地，主要产在昆士兰州东部和新南威尔士州两地，这里的蓝宝石常含尘埃状包体，而且由于铁的含量比较高，宝石颜色发暗，多呈近于炭黑的深蓝色、黄色、绿色或褐色。当颜色太深甚至接近黑色时，价值会大跌。1935 年发现于澳大利亚昆士兰州的蓝宝石，原石重 2 303ct，艺术大师诺曼•马尼斯花了 1 800 个小时，用它雕刻成了美国历史上著名的总统林肯的头像。

(7)柬埔寨马德望：柬埔寨马德望也是世界上重要的蓝宝石产地，蓝宝石来自玄武岩之中，颜色很美丽，而且品质极佳，但颗粒比较小。

托帕石的寓意、传说

托帕石的英文名称为 Topaz，名称来源有两种说法：一种说法是由希腊文"Topazios"演变而来的，原指红海中一个称"托帕兹"的小岛上盛产黄色的橄榄石，当地人误称其为黄宝石。另一种说法认为是由梵文"Topas"衍生而来，意即"火"。托帕石的矿物名称为黄玉或黄晶，由于消费者容易将黄玉与黄色玉石、黄晶的名称相互混淆，商业上多采用英文音译名称托帕石来标注宝石级的黄玉。

因为托帕石的透明度很高，又很坚硬，所以反光很好，加之颜色美丽，深受人们的喜爱。"黄色"象征着和平与友谊，所以黄色托帕石被用作十一月的诞生石，以表达人们渴望长期友好相处的愿望。托帕石主要出产于巴西、墨西哥、萨克森、苏格兰、日本、乌拉山脉等地。

商贸上宝石级黄玉按颜色划分为如下品种：

(1)雪莉黄玉：黄玉中最重要的品种，以雪莉酒的颜色，即西班牙等地产的浅黄或深褐色的葡萄酒命名。包括天然和处理的不同深浅的具黄、褐主色调的黄玉，甚至含褐色组分的橙色、橙红色者。其中最昂贵的是橙黄色黄玉，称"帝王黄玉"，浅橙黄色、金黄色的也属此范畴。罕见的"天鹅绒般"色调柔和的褐黄到黄褐色以及橙色、橙红色的黄玉也备受青睐。

(2)蓝黄玉：包括色调深、浅不同的蓝色品种。商业上将改色蓝黄玉分为"美国蓝"(鲜亮的艳蓝色)、"伦敦蓝"(亮的深蓝色)和"瑞士蓝"(淡雅的浅蓝色)。不同产地的天然蓝黄玉色调深浅有所不同。

(3)粉红黄玉:指粉、浅红到浅紫红或紫罗兰色的黄玉。主要是由黄、褐色黄玉经辐照与热处理而成。色较深的天然粉红黄玉最受欢迎,但数量极少,也有由无色黄玉处理成的,但多带褐色调。

(4)无色黄玉:过去用为钻石代用品,曾被称为"奴隶钻石",现在多作为改色石原料。

海蓝宝石的寓意、传说

海蓝宝石的英文名称为 Aquamarine。其中,"Aqua"是水的意思,"Marine"是海洋的意思,可见这宝石的取名有多贴切于它的颜色。传说,这种美丽的宝石产于海底,是海水之精华,所以航海家用它祈祷海神保佑航海安全,称其为"福神石"。传说中,在幽蓝的海底住着一群美人鱼,它们平时用海蓝宝石作为自己的饰品,打扮自己,一旦遇到关键时刻,只须让宝石接受阳光的照射,就可以获得神秘的力量来帮助自己。因此海蓝宝石还有一个别称"人鱼石",这与三月的双鱼座恰好彼此映照。无论是东方还是西方,都把水看作生命之源,而三月正是地球上一切生灵开始活跃起来的时间,所以具有水属性的海蓝宝石就被界定为三月的诞生石,象征着沉着、勇敢和聪明。

除了保佑平安,海蓝宝石也堪称"爱情之石"。在古希腊神话中有一个叫做罗兰的风神,长相英俊但是地位卑微,后来他爱上了一个凡间的女子,这为当时的神界所不许,为了忠于自己的爱情,他不惜付出生命。临死前,罗兰乞求爱神维纳斯将他的灵魂封存在海蓝宝石中作为三月诞生人的诞生石,保佑人们找到自己的爱情。因此地中海国家的人们都喜欢佩戴海蓝宝石,以便能让自己拥有甜蜜的爱情、维持婚姻的美满。

世界上最著名的海蓝宝石产地在巴西的米纳斯吉拉斯州,其次是俄罗斯、中国等地区。

查一查(网络或相关书籍)
(1)蓝宝石是_____月的生辰石。
(2)世界上最著名的蓝宝石颜色为_____。
(3)蓝宝石的颜色有_____。
(4)托帕石又名_____。
(5)托帕石中颜色价值最高的是_____。
(6)美国蓝、瑞士蓝、伦敦蓝指的是哪种宝石_____。

任务三　绿色系宝石的鉴别

 任务导入

刘小姐收藏了一颗品质很好的祖母绿戒面,作为珍藏一直没有拿去镶嵌。但现在刘小姐遇到了资金上的周转问题,她想把它拿到典当行抵押,换取现金,等到资金到位的时候再把这颗心爱的祖母绿赎回来。

你对典当和典当行了解吗?

典当行对珠宝进行典当的流程一般为:
- ◆ 当户出具有效证件并交付有所有权的珠宝;
- ◆ 典当行对珠宝进行鉴定;
- ◆ 典当双方约定评估价格、当金数额、期限及确定息费保准;
- ◆ 典当双方共同清点封存当物,由典当行保管;
- ◆ 向当户出具当票,发放当金。

本任务主要是围绕样品的鉴定进行。

国内知名典当行有宝瑞通典当行、华夏典当行、民生典当行、阜昌典当行、金保典当行、同祥典当行、银达典当行等。

 鉴定步骤

第一步
准备鉴定仪器和鉴定样品,见表1-3-1、表1-3-2。

表1-3-1　器具准备

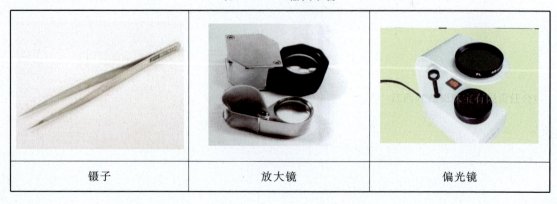

| 镊子 | 放大镜 | 偏光镜 |

续表 1-3-1

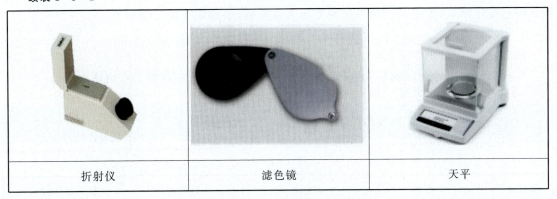

| 折射仪 | 滤色镜 | 天平 |

表 1-3-2　待测样品准备

市场上常见的绿色宝石都有哪些？

市场上绿色系的宝石主要有祖母绿、橄榄石、金绿宝石、葡萄石、萤石、碧玺、绿色蓝宝石七种。非专业人士在面对这些相似的绿色宝石时很难加以区分，需要专业的鉴定人员对其进行鉴定。

如何对这些宝石样品进行鉴定？

首先，对待测样品进行肉眼观察，再利用放大镜观察绿色宝石内部特征包裹体，其次规范操作偏光镜、折射仪、天平以及滤色镜，检测出对以上宝石样品的光性、折射率、密度以及滤色镜下颜色变化结果，根据测试结果判断宝石大致类别，准确填写到记录单上。

第二步
对待测样品进行肉眼观察（具体参见任务一红色系宝石的鉴别第二步肉眼观察）。

你知道绿色系宝石有哪些肉眼观察特征吗？具体见表 1-3-3。

表 1-3-3

宝石品种	颜色	光泽	透明度	特殊光学效应
祖母绿	浅－深绿色、蓝绿色、黄绿色	玻璃光泽	透明至半透明	猫眼效应、星光效应
橄榄石	黄绿、绿黄、绿色、褐绿色	玻璃光泽	透明至不透明	无
金绿宝石	黄绿、灰绿	玻璃光泽	半透明至不透明	猫眼效应、变色效应
葡萄石	黄绿、绿色	玻璃光泽	透明至不透明	偶见猫眼效应
萤石	浅－深绿色	玻璃光泽	透明至半透明	变色效应
碧玺	浅－深绿色	玻璃光泽	透明至半透明	猫眼效应
蓝宝石	绿色	玻璃光泽	透明至半透明	星光效应

请将待测宝石的外观特征依编号顺序填写到表 1-3-4 中。

表 1-3-4

样品编号	颜色	光泽	透明度	特殊光学效应
A				
B				
C				
D				
E				
F				
G				

你知道碧玺的种类吗？

碧玺按颜色及特殊光学效应划分为如下品种：

红碧玺：粉红至红色碧玺的总称。

绿碧玺：蓝绿—黄绿、深绿、棕绿色碧玺。

蓝碧玺：浅蓝—深蓝色碧玺的总称。其中最有名的是巴西和帕拉伊巴碧玺。

无色碧玺：无色透明的碧玺。

黑碧玺：黑色富含铁的碧玺。

褐色和黄色碧玺：一种含镁的褐色或黄色碧玺。

碧玺猫眼：具有猫眼效应的碧玺。常见绿色、红色和蓝色的品种。

西瓜碧玺：具有特殊的颜色分布，中间呈粉红色至红色，边缘为绿色至深绿色的碧玺品种。

双色或杂色碧玺：两种或多种颜色共存的碧玺品种。

你知道萤石按颜色划分的种类吗？

绿色萤石：蓝绿、绿、浅绿色。较常见的为晶簇。

紫色萤石：深紫、紫，常呈条带状分布。

蓝色萤石：灰蓝、绿蓝、浅蓝，往往表面浅、中间深。

黄色萤石：橘黄至黄色，常呈条带状出现。

无色萤石：无色透明至半透明，以单晶或晶簇出现。

第三步

对待测样品进行放大观察（具体参见任务一红色系宝石的鉴别第三步放大检查）。

你知道放大镜的结构吗？

双组合镜：由两个平凸透镜组成。

三组合镜：由一对无铅玻璃做成的凸透镜和两个由铅玻璃制成的凹凸透镜粘合而成。

其中三组合镜最为常用，不仅视域较宽，而且消除了图像畸变（球面像差）和彩色边缘现象（色像差）。最常用的为 10× 放大镜。25×、30×、50× 的放大镜因其放大倍数大、观察视野小、焦距短而难以操作。

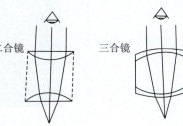

二合镜　　三合镜

> 你知道如何挑选三组合放大镜吗？

视域中所有线条应平直，若线条弯曲或在视域边缘处线条宽窄不一，则质量不好。

视域中线条应清晰、"干净"，若带有色边则质量不好。视域中所有线条应同时保持准焦状态。

> 你知道绿色系宝石的放大检查有什么内部特征吗？见表1-3-5。

表 1-3-5

宝石品种	放大检查内部特征	典型特征图片	
祖母绿	固态，气液两相及气液固三相包裹体	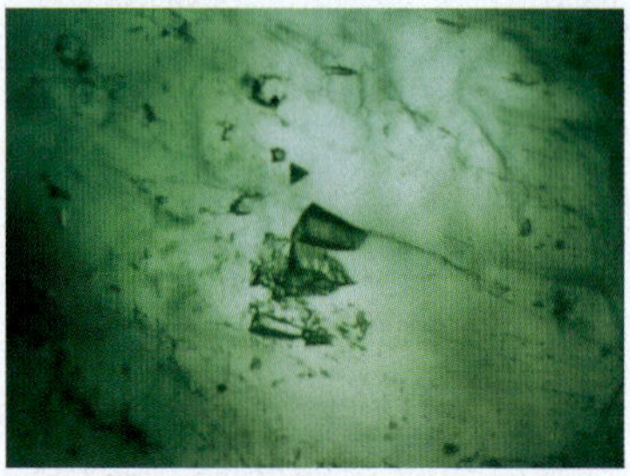 三相包裹体	
橄榄石	"睡莲状"包裹体，可见重影	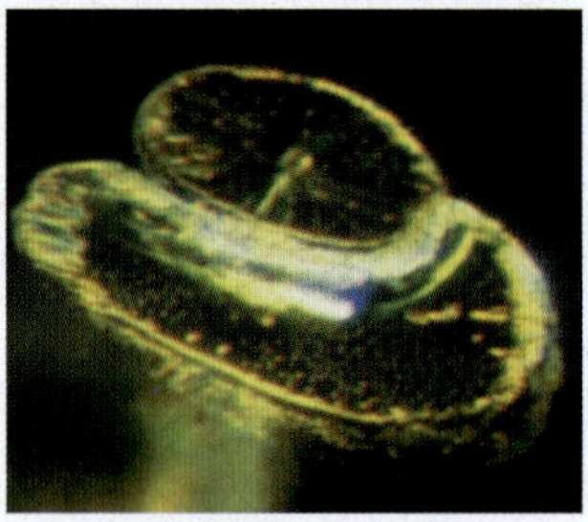 睡莲叶包裹体 	重影
碧玺	裂隙多，管状及线状气液包裹体，重影	 管状包裹体 	重影

续表 1-3-5

宝石品种	放大检查内部特征	典型特征图片
金绿宝石	指纹状包裹体,丝状物	
萤石	解理呈三角形发育	
葡萄石	纤维结构和放射状结构	
蓝宝石	平直色带,负晶,指纹状、雾状、丝状及矿物包裹体	

请将待测宝石的放大检查内部特征依编号顺序填写到表 1-3-6。

表 1-3-6

样品编号	放大检查内部特征
A	
B	
C	
D	
E	
F	
G	

你知道如何鉴定合成祖母绿和天然祖母绿吗?

合成祖母绿在其他特征方面与天然祖母绿十分相似,主要鉴别特征是其内部包裹体与天然祖母绿内部包裹体不同。

合成祖母绿内部常见助熔剂残余、金属片、钉状包体以及锯齿状生长纹等。

助熔剂残余

金属片

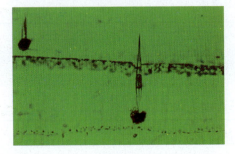

钉状包体

锯齿状生长纹

第四步

用偏光镜对待测样品进行检测(具体可见任务一红色系宝石的鉴定第四步偏光镜检测)。

绿色系宝石的偏光镜测试现象有什么不同?见表1-3-7。

表 1-3-7

宝石种类	偏光镜现象	宝石光性
祖母绿	四明四暗	非均质体
橄榄石	四明四暗	非均质体
金绿宝石	四明四暗	非均质体
葡萄石	全亮	集合体(葡萄石常呈集合体出现)
萤石	全暗	均质体
碧玺	四明四暗	非均质体
蓝宝石	四明四暗	非均质体

请将待测宝石的偏光镜现象和宝石光性依编号顺序填写到表1-3-8中。

表1-3-8

宝石种类编号	偏光镜现象	宝石光性
A		
B		
C		
D		
E		
F		
G		

第五步

采用近视法,使用折射仪对待测样品进行检测(具体可见任务一红色系宝石的鉴别第五步折射率检测)。

你知道折射仪的结构吗?

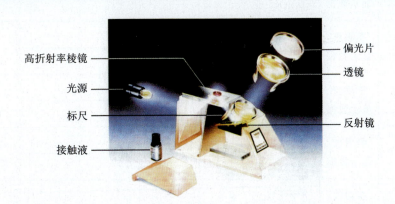

使用折射仪可以对具抛光刻面或弧面的宝石的折射率进行测试,测试范围因所用折射仪棱镜和接触液而异,通常情况下是1.35~1.81。

注意事项:

在使用折射仪进行测试的过程中要注意两个问题,首先是高折射率玻璃棱镜硬度较小,若使用不当,几乎所有的宝石材料都能在棱镜上留下划痕。其次是接触液要适量,由于接触液密度很大,若点得过多,密度较小的宝石会漂浮;若点得过少,则不能使宝石与棱镜产生良好的光学接触。

绿色系宝石的折射率有什么区别？见表 1-3-9。

表 1-3-9

宝石种类	折射率	双折射率
祖母绿	1.577～1.583(±0.017)	0.005～0.009
橄榄石	1.654～1.690(±0.020)	0.035～0.038
金绿宝石	1.746～1.755(+0.004,-0.006)	0.008～0.010
葡萄石(集合体)	1.63(点测法)	——
萤石	1.434(±0.001)	——
碧玺	1.624～1.644(+0.011,-0.009)	0.018～0.040
蓝宝石	1.762～1.770(+0.009,-0.005)	0.008～0.010

请将待测宝石的折射率读数依编号顺序填写到表 1-3-10 中。

表 1-3-10

样品编号	标本转动角度		过程性读数				最终读数
			0°	90°	180°	270°	
A	折射仪显示数据	最大值					
		最小值					
B	折射仪显示数据	最大值					
		最小值					
C	折射仪显示数据	最大值					
		最小值					
D	折射仪显示数据	最大值					
		最小值					
E	折射仪显示数据	最大值					
		最小值					
F	折射仪显示数据	最大值					
		最小值					
G	折射仪显示数据	最大值					
		最小值					

第六步

采用静水力学法对待测样品进行相对密度检测(具体可见任务一红色系宝石的鉴别第六步相对密度检测)。

绿色系宝石的相对密度是多少？见表1-3-11。

表1-3-11

宝石种类	祖母绿	橄榄石	金绿宝石	葡萄石	萤石	碧玺	蓝宝石
相对密度	2.67～2.75	3.28～3.51	3.73	2.80～2.95	3.18	3.06	3.95～4.05

请将待测宝石的天平读数依编号顺序填写到表1-3-12中。

表1-3-12

样品编号	过程性数据			宝石相对密度
	宝石在空气中的质量	宝石在水中的质量	宝石在空气中的质量-宝石在水中的质量	
A				
B				
C				
D				
E				
F				
G				

第七步

用滤色镜对待测样品进行测试。

你知道滤色镜的结构以及使用方法吗？

滤色镜由塑料或金属框和滤色片两部分组成。

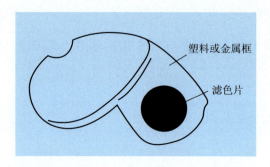

用滤色镜对宝石进行观察时采用下图所示方法：

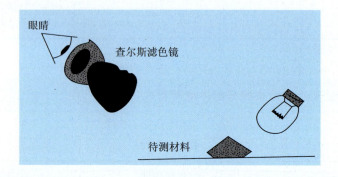

滤色镜的操作步骤是怎样的？具体见表 1-3-13。

表 1-3-13

序号	操作图示	操作步骤详解
1	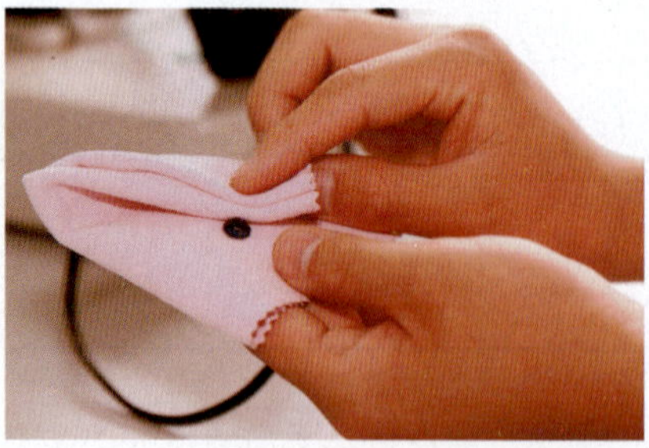	清洁样品
2		将样品置于周围无反光或不影响观察的环境中（白色或黑色背景）

续表 1-3-13

序号	操作图示	操作步骤详解
3		使用明亮的白色光源（钨丝灯）靠近样品，用透射光照射透明及半透明宝石，用反射光照射不透明宝石。根据宝石的颜色浓度调节光源强弱，通常色越浅，所用光越弱。滤色镜紧跟眼睛，距离待测样品约 30～40cm 处观察宝石颜色的变化
4	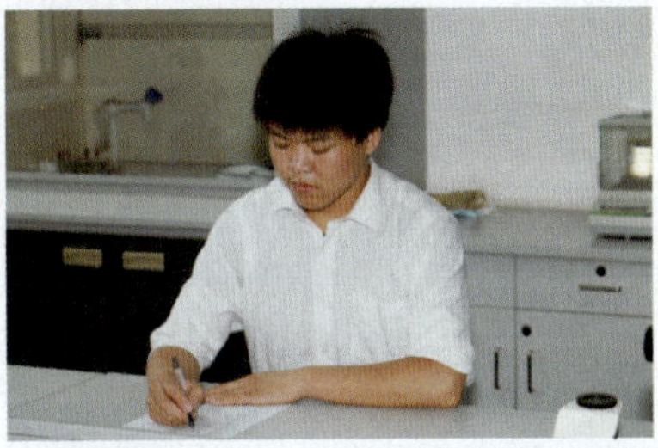	在检测记录单上记录测试结果

绿色系宝石在滤色镜下是否会发生变化？见表 1-3-14。

表 1-3-14

宝石种类	祖母绿	橄榄石	金绿宝石	葡萄石	萤石	碧玺	蓝宝石
滤色镜下	红色或绿色	不变	不变	不变	不变	变红或不变	不变

请将待测宝石的滤色镜下颜色变化结果依编号顺序填写到表 1-3-15 中。

表 1-3-15

宝石编号	滤色镜下颜色变化结果
A	
B	
C	
D	
E	
F	
G	

第八步

综合测试结果,对待测样品进行定名,见表1-3-16。

表1-3-16

样品编号	A	B	C	D	E	F	G
定名							

 实训检测

我的心得体会

要求：请用放大镜、偏光镜、折射仪、天平以及滤色镜对绿色系宝石标本进行检测，判断宝石种类。

<table>
<tr><th colspan="2"></th><th colspan="4">肉眼观察</th><th>放大检查</th><th colspan="2">偏光镜测试</th><th>折射仪测试</th><th>静水力学法测试</th><th>滤色镜测试</th><th>观察结果</th></tr>
<tr><th colspan="2"></th><th>颜色</th><th>透明度</th><th>光泽</th><th>特殊光学效应</th><th>内部特征</th><th>镜下现象</th><th>光性</th><th>折射率</th><th>相对密度</th><th>颜色变化</th><th>及定名</th></tr>
<tr><td rowspan="7">学生填写</td><td>样品 A</td><td></td><td></td><td></td><td></td><td></td><td></td><td></td><td></td><td></td><td></td><td></td></tr>
<tr><td>样品 B</td><td></td><td></td><td></td><td></td><td></td><td></td><td></td><td></td><td></td><td></td><td></td></tr>
<tr><td>样品 C</td><td></td><td></td><td></td><td></td><td></td><td></td><td></td><td></td><td></td><td></td><td></td></tr>
<tr><td>样品 D</td><td></td><td></td><td></td><td></td><td></td><td></td><td></td><td></td><td></td><td></td><td></td></tr>
<tr><td>样品 E</td><td></td><td></td><td></td><td></td><td></td><td></td><td></td><td></td><td></td><td></td><td></td></tr>
<tr><td>样品 F</td><td></td><td></td><td></td><td></td><td></td><td></td><td></td><td></td><td></td><td></td><td></td></tr>
<tr><td>样品 G</td><td></td><td></td><td></td><td></td><td></td><td></td><td></td><td></td><td></td><td></td><td></td></tr>
<tr><td rowspan="3">教师填写</td><td>评价标准</td><td colspan="4">颜色、透明度、光泽、特殊光学效应描述的准确性</td><td colspan="2">1. 仪器操作的规范性
2. 测试结果的正确性</td><td colspan="4"></td><td>定名的准确性</td></tr>
<tr><td>评价结果</td><td colspan="4"></td><td colspan="2"></td><td colspan="4"></td><td></td></tr>
<tr><td>课业成绩</td><td colspan="4"></td><td colspan="2"></td><td colspan="4"></td><td></td></tr>
</table>

知识链接

生辰石

石榴石是一月生辰石,代表贞操、友爱、忠实,同时又是结婚17周年的纪念宝石。

紫晶是二月生辰石,人们把紫晶誉为"诚实之石"。象征着诚实,心地平和,并且是结婚17周年的纪念宝石。

海蓝宝石是三月生辰石,象征沉着与勇敢、幸福和长寿。传说这种美丽的宝石产于海底,是海水之精华。所以航海家用它祈祷海神保佑航海安全,称其为"福神石"。

钻石是四月生辰石,象征着贞洁与纯洁,还是结婚75周年的纪念宝石。结婚75周年因此得名钻石婚。

祖母绿宝石是五月生辰石,是幸福和幸运的象征,又是结婚55周年纪念日赠送的宝石礼品。

珍珠是六月生辰石,预示健康长寿,荣华富贵。

红宝石是七月生辰石,男人拥有红宝石,就能掌握梦寐以求的权力;女人拥有红宝石,就能得到永世不变的爱情。

橄榄石是八月生辰石,预示着夫妇幸福与和谐。颜色艳丽悦耳目,为人们所喜爱,被誉为"幸福之石"。

蓝宝石是九月生辰石,蓝宝石独具的深切神秘的蓝色,既沉稳又清澈,深深地吸引人们的内心。

欧泊是十月生辰石,欧泊鲜艳丰富的颜色和高透明度所构成的美,在它问世的时候就赢得人们的喜爱,被称为风情万种的宝石。

托帕石是十一月生辰石,又是结婚16周年纪念宝石,佩戴它象征友情和幸福。

绿松石或锆石是十二月生辰石,代表胜利、好运、成功。

祖母绿的宝石文化

祖母绿的名称来自希腊语"Smaragdus",源于古法语"Esmeralde",意指绿色的宝石。自古以来无数精彩的故事都是围绕着这个壮丽的绿宝石。今天最优质的祖母绿仍是出产于南美洲,而南美的印加人视祖母绿为神圣宝石。不过,据说最古老的祖母绿曾经在埃及红海附近被发现。话虽如此,这地方的矿场早已在公元前3000年至1500年间被古埃及开采殆尽,后来被称为Cleopatra's Mines——克丽奥佩脱(埃及艳后之名),在19世纪初当再度被发现的时候已因大量开采而耗竭。

许多世纪之前,印度的神圣经文——吠陀——解说着珍贵绿宝石的治愈特质:"祖母绿可给予佩带者带来好运"与"加强生命福祉"。难怪印度大君及印度女王的宝藏中有着最美丽的祖母绿。世界最大之一的祖母绿"Mogul Emerald"发现于1695年,重达217.80ct,约10cm高,一边刻着祈祷文,另一边则雕刻着壮丽的花卉图饰。这个传奇的祖母绿在2001年9月28日的伦敦佳士得拍卖会被一名匿名的买主以2.2亿美元买走。

祖母绿自古以来受人敬重。由于这个原因,其中最有名的祖母绿常被博物馆收藏着。以纽约自然历史博物馆为例,曾展出了一个属于 Jehangir 皇帝的纯祖母绿杯。而一旁展示着"Patricia",世界最大之一的哥伦比亚祖母绿原石,其重达 632ct。波哥大银行也收藏了 5 个极宝贵的祖母绿原石,重量介于 220~1 796ct 之间,而这些灿烂辉煌的祖母绿是属于伊朗国库的一部分,用于装饰前皇后法拉赫的后冠。土耳其苏丹也极喜爱祖母绿,在伊斯坦堡的 Topkapi 宫廷展出的每一件珠宝、文字工具和匕首,都不惜重金用祖母绿和其他的宝石装饰着。

　　中、南美洲是世界上祖母绿的主要产地。早在 1521 年西班牙侵略墨西哥时,就有掠夺祖母绿的记录。1532 年,西班牙侵略秘鲁时,侵略者为了取悦国王,将掠夺的祖母绿作为礼品进献给国王。

　　西方的珠宝文化史上,祖母绿被人们视为爱和生命的象征,代表着充满盎然生机的春天。传说中它也是爱神维纳斯所喜爱的宝石,所以,祖母绿又有成功和保障爱情的内涵,它能够给予佩带者诚实、美好的回忆;而它所闪烁的那种神秘的光辉使它成为最珍贵的宝石之一。祖母绿自被人类发现以来,便被视为具有驱鬼避邪的神奇力量,人们将祖母绿用作护身符、避邪物或宗教饰物,相信佩带它可以抵御毒蛇猛兽的侵袭。

祖母绿家族及主要产地

　　祖母绿属于绿柱石家族中的一员。绿柱石类的宝石还包括海蓝宝石、绿色绿柱石(绿色绿柱石色浅、饱和度低,或带黄色调,因而不能成为祖母绿)、透绿柱石(无色透明的绿柱石)、黄色绿柱石、摩根石、红色绿柱石。世界上绿柱石的主要产地有哥伦比亚、巴西、津巴布韦、俄罗斯、赞比亚、南非、印度等。

 课后拓展

查一查(网络或相关书籍)

(1)祖母绿是_____月的生辰石。

(2)祖母绿的主要产地有_____。

(3)萤石按颜色分为_____、_____、_____、_____。

(4)橄榄石的特征包裹体叫_____。

(5)最著名的蓝色碧玺种类是_____。

任务四　黄色系宝石的鉴别

 **任务导入**

珠宝商小张从某珠宝公司批发了一批黄色系列的宝石,这些黄色宝石都被放到了一起,类似的外观使小张分不清这些宝石的品种,而且不易鉴别这批宝石的真伪,于是要求珠宝公司到珠宝鉴定机构给这批黄色宝石出具证书,小张和珠宝公司的工作人员一起来到了珠宝鉴定中心。

> 你知道国内主要的鉴定机构及鉴定证书有哪些吗?

◆ 国家珠宝玉石质量监督检验中心,发行 NGTC 证书。国家珠宝玉石质量监督检验中心是由国家有关主管部门依法授权的国家级珠宝玉石专业质检机构,是中国珠宝玉石检测方面的权威。

◆ 国家轻工业珠宝玉石首饰质量监督检测中心,发行 GJC 首饰检测证书。该中心是国家质量技术监督局计量认证单位,中心工作人员在坚持国家标准的同时参照国外标准致力于钻石、有色宝石和玉石的无损鉴定。

◆ 中国宝玉石协会,发行 GAC 证书。

◆ 中华全国工商联珠宝业商会珠宝检测研究中心,发行 GTC 宝玉石鉴定证书。

◆ 中国地质大学(北京)中地大珠宝鉴定中心,发行 GIC 证书。

 **鉴定步骤**

第一步
准备鉴定仪器和鉴定样品,见表 1-4-1、表 1-4-2。

表 1-4-1　器具准备

镊子	偏光镜	折射仪

续表 1-4-1

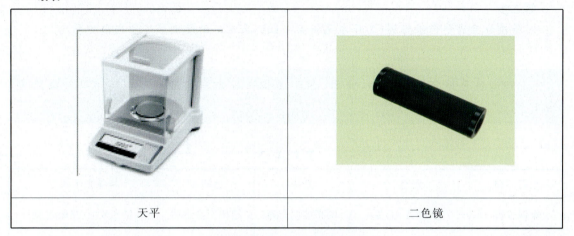

| 天平 | 二色镜 |

表 1-4-2 待测样品准备

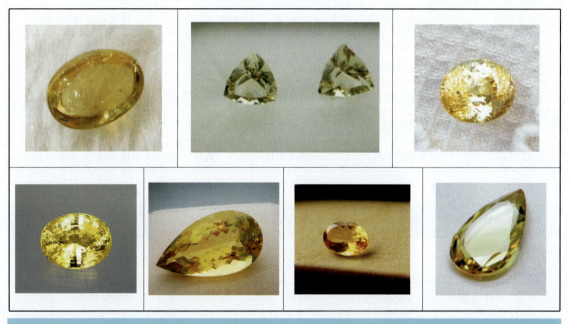

市场上常见的黄色系宝石都有哪些？

市场中常见的黄色系宝石主要有金绿宝石、长石、水晶、黄色绿柱石、托帕石、碧玺、黄色蓝宝石七种，这几种宝石样品通过肉眼观察相差不大，很难区分，如要对待测样品进行定名，就需要送到专业鉴定机构，由专业人士用专业的检测手法对样品进行鉴定。

如何对这些宝石样品进行鉴定？

首先，对待测样品进行肉眼观察，记录宝石的颜色、光泽、透明度以及特殊光学效应。其次，规范操作偏光镜、折射仪、天平以及二色镜，检测出以上宝石样品的光性、折射率、密度以及多色性，根据测试结果判断宝石大致类别，准确填写到记录单上。

第二步

对待测样品进行肉眼观察(具体参见任务一红色系宝石的鉴别第二步肉眼观察)。

你知道黄色系宝石的颜色、光泽、透明度和特殊光学效应有什么特点吗?具体见表 1-4-3。

表 1-4-3

宝石品种	颜色	光泽	透明度	特殊光学效应
金绿宝石	黄、棕黄、绿黄	明亮玻璃光泽	透明至半透明	星光效应、猫眼效应
长石	绿黄、橙黄	玻璃光泽	透明至不透明	猫眼效应、砂金效应
水晶	黄、金黄、柠檬黄	玻璃光泽	透明至半透明	星光效应、猫眼效应
绿柱石	绿黄、棕黄、褐黄、橙黄	玻璃光泽	透明至半透明	猫眼效应
托帕石	黄、棕黄、褐黄	玻璃光泽	透明至半透明	猫眼效应(稀少)
碧玺	棕黄、绿黄	玻璃光泽	透明	猫眼效应
蓝宝石	橙黄、微棕黄	明亮玻璃光泽	透明	星光效应、猫眼效应

请将待测宝石的外观特征依编号顺序填写到表 1-4-4 中。

表 1-4-4

样品编号	颜色	光泽	透明度	特殊光学效应
A				
B				
C				
D				
E				
F				
G				

金绿宝石的品种有哪些？

金绿宝石在宝石学中具有典型的特殊光学效应,根据其特殊光学效应将金绿宝石分成了以下五类。

金绿宝石:指没有任何特殊光学效应的金绿宝石矿物。

猫眼石:具有猫眼效应的金绿宝石。

变石:也称亚历山大石。被誉为"白昼里的祖母绿,黑夜里的红宝石"。顾名思义,变石在日光下呈现绿色,在白炽灯下呈现红色。主要产地是俄罗斯。

变石猫眼:同时具有变色效应和猫眼效应的金绿宝石。在世界上很罕见。

星光金绿宝石:具有四射星光的金绿宝石,产于斯里兰卡和巴西,更为罕见。

金绿宝石产生猫眼效应的原理是什么？

主要是由于在金绿宝石内部存在大量平行排列的细小丝状矿物包裹体而产生的。当自然光照射到丝状包裹体上发生反射便形成猫眼效应,猫眼效应的产生机理如下图所示:

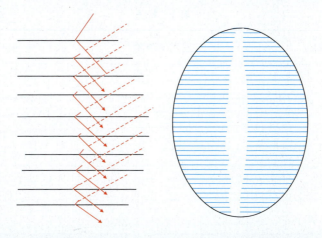

你知道金绿宝石猫眼的定名与其他宝石猫眼的定名有什么区别吗？

金绿宝石猫眼,是所有具有猫眼效应的宝石中价值最高的一个品种,可直称猫眼石,无须注明,而其他具有猫眼效应的宝石需在前面加上宝石的名称,如"电气石猫眼"、"石英猫眼"等。

水晶在商业上有哪几类？

石英宝石的产出形式多样,一般可分为单晶和多晶两种。

单晶宝石:主要有水晶、紫晶、黄晶、烟晶、芙蓉石等。

多晶石英:主要包括玛瑙、玉髓、碧玉、东陵石、密玉、贵翠等。

石英蚀变产生硅化木和木变石等。

第三步
用偏光镜对待测样品进行检测(具体可见任务一红色系宝石的鉴定第四步偏光镜检测)。

黄色系宝石的偏光镜测试现象是什么？具体见表1-4-5。

表1-4-5

宝石种类	偏光镜现象	宝石光性
金绿宝石、长石、水晶、绿柱石、托帕石、碧玺、蓝宝石	四明四暗	非均质体

请将待测宝石的偏光镜现象和宝石光性依编号顺序填写到表1-4-6中。

表1-4-6

宝石种编号	偏光镜现象	宝石光性
A		
B		
C		
D		
E		
F		
G		

第四步
采运用近视法，使用折射仪对待测样品进行检测(具体可见任务一红色系宝石的鉴别第四步折射率检测)。

黄色系宝石的折射率有什么区别吗？具体见表1-4-7。

表 1-4-7

宝石种类	折射率	双折射率
金绿宝石	1.746～1.755	0.008～0.010
长石	1.522～1.550	0.005～0.010
水晶	1.544～1.553	0.009
绿柱石	1.577～1.583	0.005～0.009
托帕石	1.619～1.627	0.008～0.010
碧玺	1.624～1.644	0.018～0.040
蓝宝石	1.762～1.770	0.008～0.010

请将待测宝石的折射率读数依编号顺序填写到表 1-4-8 中。

表 1-4-8

样品编号	标本转动角度		过程性读数				最终读数
			0°	90°	180°	270°	
A	折射仪显示数据	最大值					
		最小值					
B	折射仪显示数据	最大值					
		最小值					
C	折射仪显示数据	最大值					
		最小值					
D	折射仪显示数据	最大值					
		最小值					
E	折射仪显示数据	最大值					
		最小值					
F	折射仪显示数据	最大值					
		最小值					
G	折射仪显示数据	最大值					
		最小值					

第五步
用静水力学法对待测样品进行相对密度检测（具体可见任务一红色系宝石的鉴别第六步相对密度检测）。

静水力学法测量宝石相对密度的仪器及结构是怎样的？

测量宝石相对密度的仪器主要有天平（单盘、双盘）、电子天平、弹簧秤等衡器。此外还要使用一些辅助配件如支架、烧杯、铁丝或铜丝以及测量用的液体等。宝石在液体中的质量可在水中测量，也可用乙醇、二甲苯、四氯化碳等其他的液体。用天平测宝石相对密度的装置图如下所示。

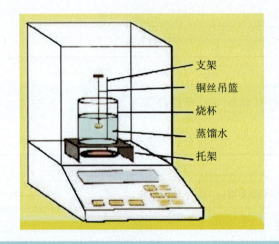

静水力学法测量宝石相对密度需要注意什么？

（1）测试环境要相对安静，天平要放平稳，室内空气对流小；
（2）注意天平上是否有水或尘埃，样品上不能有气泡；
（3）检查各配件是否相互接触；
（4）称重时要把天平的防护门关上，并保证宝石在空气中称量时干净、干燥；
（5）同种宝石因包体、不规则裂隙和杂质等的影响，密度变化很大；
（6）如果样品处于与其他物品串联、镶嵌、拼合等非独立情况时，多孔的宝石或测试液体对样品有损时不能测量，若样品过小，测量误差会较大。

黄色系宝石的相对密度是多少？具体见表1-4-9。

表1-4-9

宝石种类	金绿宝石	长石	水晶	绿柱石	托帕石	碧玺	蓝宝石
相对密度	3.73	2.55~2.75	2.66	2.67~2.75	3.53	3.06	3.95~4.05

请将待测宝石的天平读数依编号顺序填写到表 1-4-10 中。

表 1-4-10

样品编号	过程性数据			宝石相对密度
	宝石在空气中的质量	宝石在水中的质量	宝石在空气中的质量-宝石在水中的质量	
A				
B				
C				
D				
E				
F				
G				

第六步
用二色镜对待测样品进行检测(具体可见任务二蓝色系宝石的鉴别第七步二色镜检测)。

用二色镜测量宝石多色性时需要注意什么?

(1)对弱多色性现象应持怀疑态度,如果不能肯定测试结果,则应忽略本测试。
(2)勿将色带和多色性混淆,转动二色镜 180°,若两个窗口的颜色互换,则表明为二色性。
(3)勿将样品直接放在光源上,因其产生的热量能改变样品的多色性。
(4)不透明或透明度差的样品,无法或不易观测多色性。
(5)集合体一般无多色性。

黄色系宝石的多色性特征有哪些?具体见表 1-4-11。

表 1-4-11

宝石品种	多色性特征
金绿宝石	弱至中三色性,黄/绿/褐
长石	弱
水晶	弱
绿柱石	弱,不同色调的黄色
托帕石	弱至中,褐黄/黄/橙黄
碧玺	中至强,深浅不同的黄色
蓝宝石	强,黄/橙黄色

请将待测宝石的多色性特征依编号顺序填写到表 1-4-12 中。

表 1-4-12

宝石编号	多色性特征
A	
B	
C	
D	
E	
F	
G	

除了以上几种黄色宝石，市场上合成水晶也很多，如何鉴别合成水晶呢？

合成水晶与天然水晶区别起来非常困难，但是合成水晶仍然具有一些天然水晶不具有的特征，如果发现这些特征，就能将它与天然水晶区分开。合成水晶颜色均一、呆板，内部有种晶板，在种晶板附近有"面包渣"状包裹体或垂直种晶板的"麦芽状"包体。

不过市场上出售的合成水晶内部一般非常干净，很难发现上述包裹体。因此在鉴定时，若水晶内部异常干净，没有任何包体存在，就应该引起注意。

第七步
综合测试结果，对待测样品进行定名，见表 1-4-13。

表 1-4-13

样品编号	A	B	C	D	E	F	G
定名							

实训检测

我的心得体会

要求：请用偏光镜、折射仪、天平及二色镜对黄色系的宝石标本进行检测，判断宝石种类。

<table>
<tr><th rowspan="2"></th><th colspan="4">肉眼观察</th><th colspan="2">偏光镜测试</th><th>折射仪测试</th><th>静水力学法测试</th><th>二色镜测试</th><th rowspan="2">观察结果及定名</th></tr>
<tr><th>颜色</th><th>透明度</th><th>光泽</th><th>特殊光学效应</th><th>镜下现象</th><th>光性</th><th>折射率</th><th>相对密度</th><th>多色性</th></tr>
<tr><td rowspan="7">学生填写</td></tr>
<tr><td>样品 A</td><td></td><td></td><td></td><td></td><td></td><td></td><td></td><td></td><td></td><td></td></tr>
<tr><td>样品 B</td><td></td><td></td><td></td><td></td><td></td><td></td><td></td><td></td><td></td><td></td></tr>
<tr><td>样品 C</td><td></td><td></td><td></td><td></td><td></td><td></td><td></td><td></td><td></td><td></td></tr>
<tr><td>样品 D</td><td></td><td></td><td></td><td></td><td></td><td></td><td></td><td></td><td></td><td></td></tr>
<tr><td>样品 E</td><td></td><td></td><td></td><td></td><td></td><td></td><td></td><td></td><td></td><td></td></tr>
<tr><td>样品 F</td><td></td><td></td><td></td><td></td><td></td><td></td><td></td><td></td><td></td><td></td></tr>
<tr><td>样品 G</td><td></td><td></td><td></td><td></td><td></td><td></td><td></td><td></td><td></td><td></td></tr>
<tr><td rowspan="3">教师填写</td><td>评价标准</td><td colspan="4">颜色、透明度、光泽、特殊光学效应描述的准确性</td><td colspan="2">1. 仪器操作的规范性
2. 测试结果的正确性</td><td></td><td></td><td></td><td>定名的准确性</td></tr>
<tr><td>评价结果</td><td colspan="10"></td></tr>
<tr><td>课业成绩</td><td colspan="10"></td></tr>
</table>

 知识链接

金绿宝石的传说

金绿猫眼石和亚历山大石（alexandrite），这两种有名的宝石都是金绿宝石的变种，硬度很高，一克拉的单价可能比钻石还要昂贵，再加上非常稀有，是宝石价值很高的能量石。亚历山大石取自帝俄时代繁荣达到顶点的罗马诺夫王朝皇帝 alexandra（亚历山大二世）之名。1830年4月29日，在乌拉尔山上，发现了这种从未见过的美丽宝石。这天正好是皇帝的生日，于是以皇帝之名为宝石命名。变石被誉为"白昼里的祖母绿，黑夜里的红宝石"，这种具有红、绿二种神秘色彩的宝石，比钻石更具价值。

在我国历史上，金绿猫眼自唐玄宗时被印度洋上的"狮子国"（现今斯里兰卡）作为贡品献入中国，因其"莹莹婉转如猫眼"而惊动朝野，唐玄宗喜爱之极，藏于牡丹盒中，还将阳光下猫眼眼线最细的时分定为午时。在我国古代戏剧中，"杜十娘怒沉百宝箱"即提到了猫眼的珍贵。自唐代以后，猫眼宝石为历代皇宫贵族所宠爱，至近现代更为收藏家所青睐，故世人有"礼冠需猫睛"之说。以往，对于猫眼的收藏，大颗的优质猫眼常为事业有成的男士所偏爱，偏爱其代表的高贵、富有及沉稳大气。现今，从国外到国内，越来越多的女性对于镶嵌猫眼的各种首饰开始问津，猫眼的美丽、珍稀打动了人们的心，尤其是一些影视界的名人和明星。

大部分的宝石都是自古即被发现，但是金绿石发现至今只有140年，是历史很短的宝石。它的颜色很多。亚历山大石的颜色是在红、绿之间转换，非常不可思议。在阳光不同角度的照射下，它会呈现出各种不同层次的光泽。

金绿猫眼的质量评价以及猫眼效应的质量评价依据是什么？

金绿猫眼主要从颜色、光带、透明度、切工和质量等方面评价。

金绿猫眼最好的颜色是蜜黄色，浅黄绿色次之，黄棕色、褐色或灰色的猫眼石价值较低。

猫眼效应的评价要考虑光带是否竖直居中、尖锐明亮，闪光强度或与背景的反差如何，光带是否能延伸到弧面宝石的腰部以及光带变化是否灵活等几方面。

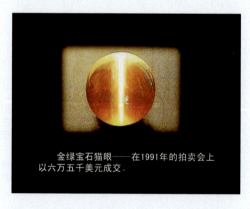

金绿宝石猫眼——在1991年的拍卖会上以六万五千美元成交。

金绿宝石的产地

斯里兰卡不仅产有世界上最好的猫眼、变石,而且是变石、猫眼的唯一产地。巴西以产星光金绿宝石而著名,也有优质猫眼和变石产出,市场上宝石级金绿宝石多来源于巴西。变石的最著名产地是俄罗斯的乌拉尔地区,津巴布韦、缅甸也有产出;此外,印度也产猫眼石,澳大利亚也产金绿宝石。

课后拓展

查一查(网络或相关书籍)

(1)金绿宝石有_____、_____和_____三个主要的宝石品种。
(2)世界上最著名的金绿宝石产地是_____。
(3)金绿猫眼最好的颜色是_____。
(4)变石也称_____,在冷光源下(日光或荧光灯),变石呈现_____,在暖光源下(白炽灯或烛光),变石呈现_____。

任务五　无色系宝石的鉴别

 任务导入

　　王先生夫妇结婚去南非蜜月旅行,南非是非洲大陆一个颇具特色的国家,因其重要的宝石资源而闻名。这里出产的黄金和钻石连同好望角以及星罗棋布的国家公园更令人流连忘返。钻石以其璀璨的光芒、坚硬的品质受到人们的宠爱,而世界上最大的钻石"库利南"便来自南非。于是,王先生夫妇在当地购买了一粒1.5ct的裸钻,并且配有国际GIA证书。回国后,王太太对钻石的价格产生了疑问,于是到专业的珠宝评估机构对其进行评估。

> 珠宝评估和珠宝鉴定有什么区别?

　　◆ 珠宝的价值普通消费者无法进行估计,鉴定所也不负责宝玉石的估价,因此要了解宝石的价格,只能将其送到专业的珠宝评估机构进行评估。
　　◆ 评估流程:
　　(1)确定评估有关事项,包括评估目的、评估对象等;
　　(2)与客户签订评估合同和委托协议;
　　(3)评估公司接样;
　　(4)制定评估计划;
　　(5)鉴定和评价被评估珠宝;
　　(6)市场调查和分析研究并最终估价;
　　(7)出具评估报告。
　　◆ 因此,评估的首要目标是鉴定真伪和品种,本任务主要围绕第五步鉴定宝石而展开。

 鉴定步骤

第一步
准备鉴定仪器和鉴定样品,见表1-5-1、表1-5-2。

表 1-5-1 器具准备

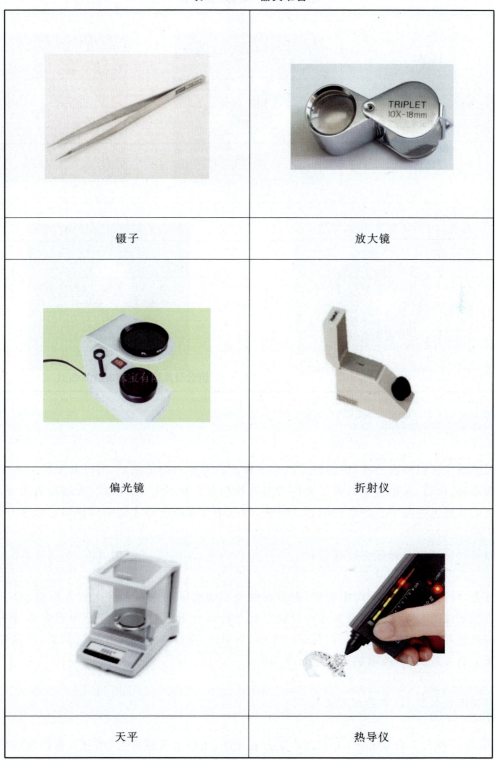

镊子	放大镜
偏光镜	折射仪
天平	热导仪

表 1-5-2　待测样品准备

无色系宝石有哪些品种？

无色系宝石以钻石为首，还包括 CZ、合成碳硅石等钻石的仿制品，另外常见的天然无色宝石还有水晶、长石、无色蓝宝石等。无色系宝石外观上差异不大，因此仅凭肉眼很难区分，这就需要我们掌握无色系宝石各品种的相关特征，并利用专业的仪器才能准确地将它们区分开。

如何对这些宝石样品进行鉴定？

首先，对待测样品进行肉眼观察，着重观察宝石的光泽和火彩。其次放大检查，对于钻石及其仿制品注意观察宝石的棱角是否锋利以及是否具有重影，然后规范操作偏光镜、折射仪、天平以及热导仪，检测出以上宝石样品的光性、折射率、密度以及热导仪测试结果，根据测试结果判断宝石大致类别，准确填写到记录单上。

你知道什么是 CZ 和合成碳硅石吗？

CZ 是一种人工合成宝石，名为合成立方氧化锆，市场上常被称为"水钻"，常作为钻石的一种仿制品。除了常见的无色透明品种，CZ 还可具有多种颜色，可以作为装饰材料。

合成碳硅石也是一种人造宝石，市场上称做"美神莱"，也作为钻石的仿制品出现，外观与钻石十分相似,鉴定时要注意。

第二步

对待测样品进行肉眼观察(具体参见任务一红色系宝石的鉴别第二步肉眼观察)。

你知道无色系宝石的颜色、光泽、透明度和特殊光学效应有什么特征吗?见表 1-5-3。

表 1-5-3

宝石品种	颜色	光泽	透明度	特殊光学效应
钻石	无色	金刚光泽	透明	无
CZ	无色	亮玻璃光泽-金刚光泽,色散极强	透明	无
合成碳硅石	无色	亮玻璃光泽-金刚光泽,色散极强	透明	无
锆石	无色	亮玻璃-亚金刚光泽	透明至半透明	无
水晶	无色	玻璃光泽	透明	无
长石	无色	玻璃光泽	透明至半透明	常见月光效应、猫眼效应、晕彩效应
蓝宝石	无色	玻璃光泽	透明至半透明	无

请将待测宝石的外观特征依编号顺序填写到表 1-5-4 中。

表 1-5-4

样品编号	颜色	光泽	透明度	特殊光学效应
A				
B				
C				
D				
E				
F				
G				

你知道什么是金刚光泽吗?

金刚光泽是常见宝石光泽中的一种,是指如同金刚石等宝石的磨光面上所反射的光泽,特点是反光较强,光泽闪亮耀眼,但不具金属感。

你知道什么是月光效应,什么是晕彩效应吗?

月光效应指在一个弧面型的长石戒面上转动宝石时,可见到一种银白色或淡蓝色浮光,形似柔和的月光。

晕彩效应指弧面型宝石在转动时,在宝石表面特定方向观察可见带有蓝色、绿色、紫色、黄色等色彩的现象。

第三步

对待测样品进行放大检查(具体参见任务一红色系宝石的鉴别第三步放大检测)。

你知道什么是色散和火彩吗？

色散指白光被分解成七色光的现象。当白光照射在透明刻面宝石时，因色散而使宝石呈现五颜六色闪烁的现象称为火彩。无色宝石中，钻石火彩耀眼夺目，但是其仿制品CZ和合成碳硅石的火彩更强。

你知道无色系宝石放大检查内部特征有什么不同吗？见表1-5-5。

表1-5-5

宝石品种	放大检查内部特征	典型特征图片
钻石	点状、羽状以及矿物包裹体；生长纹；棱角锋利	羽状体
CZ	未熔化氧化锆残余及气泡	

续表 1-5-5

宝石品种	放大检查内部特征	典型特征图片
合成碳硅石	重影明显；白线状细长包裹体	 棱线重影
锆石	重影明显；锆石较脆，边角常有磨损，棱线发白，这种现象也称为"纸蚀"	 棱线重影
水晶	气液包裹体	
长石	蜈蚣状包体；气液包裹体	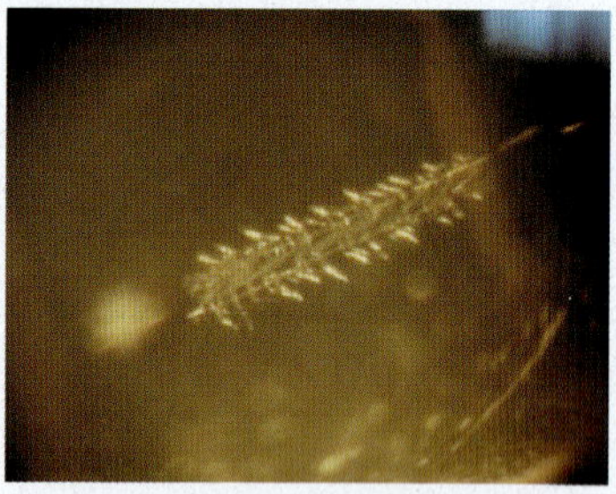 蜈蚣状包裹体
蓝宝石	指纹状、雾状、丝状及矿物包裹体	 丝状包裹体

请将待测宝石的放大检查内部特征依编号顺序填写到表 1-5-6 中。

表 1-5-6

样品编号	放大检查内部特征
A	
B	
C	
D	
E	
F	
G	

你知道钻石与常见仿钻的其他简单鉴别方法吗?

由于钻石的很多性质与其他宝石不同,因此可以利用这些特点来将钻石与仿制品区分开。

(1)线条试验:将样品台面向下放在一张有线条的纸上,如果是钻石则看不到纸上的线条,否则为钻石的仿制品。

(左为仿钻,右为钻石)

(2)亲油性试验:天然钻石具有亲油性,用油性笔在钻石表面划过时可以留下清晰连续的线条,而在钻石仿制品表面常会聚成一个个小液滴,不能出现连续的线条。

(3)托水性试验:将小水滴点在样品上,如果水能在样品表面保持很长时间,则说明该样品为钻石,反之则为钻石仿制品。

第四步

用偏光镜对待测样品进行检测(具体可见任务一红色系宝石的鉴定第四步偏光镜检测)。

无色系宝石的偏光镜测试现象有什么不同？具体见表1-5-7。

表1-5-7

宝石种类	偏光镜现象	宝石光性
钻石	全暗	均质体
CZ	全暗	均质体
合成碳硅石	四明四暗	非均质体
锆石	四明四暗	非均质体
水晶	四明四暗,可见牛眼或螺旋桨干涉图	非均质体
长石	四明四暗,解理双晶多易出现全亮	非均质体
蓝宝石	四明四暗	非均质体

请将待测宝石的偏光镜现象和宝石光性依编号顺序填写到表1-5-8中。

表1-5-8

宝石种编号	偏光镜现象	宝石光性
A		
B		
C		
D		
E		
F		
G		

偏光镜下,水晶有时会出现下图中的图案,你知道这个图案叫什么吗?

水晶常在偏光镜下出现一圈圈彩色色圈、中间中空的现象,该图像叫做牛眼干涉图;如果在偏光镜下观察到这样的图,那就证明这颗宝石一定是水晶。

第五步

采用近视法,使用折射仪对待测样品进行检测(具体可见任务一红色系宝石的鉴别第五步折射率检测)。

无色系宝石的折射率有什么区别?具体见表 1-5-9。

表 1-5-9

宝石种类	折射率	双折射率
钻石	—(大于 1.78,无法测得)	无
CZ	—(大于 1.78,无法测得)	无
合成碳硅石	—(大于 1.78,无法测得)	0.043
锆石	—(大于 1.78,无法测得)	0.001~0.059(理论值)
水晶	1.544~1.553	0.009
长石	1.522~1.570	0.005~0.010
蓝宝石	1.762~1.770(+0.009,-0.005)	0.008~0.010

请将待测宝石的折射率读数依编号顺序填写到表 1-5-10 中。

表 1-5-10

样品编号	过程性读数					最终读数
	标本转动角度	0°	90°	180°	270°	
A	折射仪显示数据	最大值				
		最小值				

续表 1-5-10

样品编号	标本转动角度		过程性读数				最终读数
			0°	90°	180°	270°	
B	折射仪显示数据	最大值					
		最小值					
C	折射仪显示数据	最大值					
		最小值					
D	折射仪显示数据	最大值					
		最小值					
E	折射仪显示数据	最大值					
		最小值					
F	折射仪显示数据	最大值					
		最小值					
G	折射仪显示数据	最大值					
		最小值					

为什么长石的折射率跨度那么大？

长石具有很多品种，品种不同折射率也不同。长石的品种包括正长石、月光石、天河石、日光石和拉长石等。

各品种长石的折射率				
正长石	月光石	天河石	日光石	拉长石
1.518～1.526	1.518～1.526	1.522～1.530	1.527～1.547	1.559～1.568

(1) 正长石是浅黄色至金黄色，透明至半透明。
(2) 月光石是具有月光效应的长石，透明到半透明，表面有白色或蓝色的浮光。
(3) 天河石是绿色至蓝绿色，含有白色的像格子一样的图案。
(4) 日光石是具有砂金效应的长石，透明到半透明，里面有金色或红色的矿物小片。
(5) 拉长石是具有晕彩效应的长石，不透明。

第六步

采用静水力学法对待测样品进行相对密度检测(具体可见任务一红色系宝石的鉴别第六步相对密度检测)。

无色系宝石的相对密度有什么不同？见表 1–5–11。

表 1–5–11

宝石种类	钻石	CZ	合成碳硅石	锆石	水晶	长石	蓝宝石
相对密度	3.52	8.5	3.22	4.60～4.80	2.66	2.55～2.75	3.95～4.05

请将待测宝石的天平读数依编号顺序填写到表 1–5–12 中。

表 1–5–12

样品编号	过程性数据			宝石相对密度
	宝石在空气中的质量	宝石在水中的质量	宝石在空气中的质量-宝石在水中的质量	
A				
B				
C				
D				
E				
F				
G				

你知道利用钻石的密度有时也可以轻松地将钻石和 CZ 区分开吗？

由于钻石的密度比 CZ 的小很多，差不多相差两倍。因此同样重量的钻石和 CZ 相比，钻石的体积要比 CZ 的大。利用这点也可以轻松地区分开钻石和 CZ。

第七步
用热导仪对待测样品进行测试。

你知道热导仪的结构和用途吗？

热导仪主要用来区分钻石及其仿制品，这是由于钻石的导热率高于其他一般宝石，合成碳硅石除外。典型的钻石热导仪由测头与控制盒组成，测头的金属尖端采用电加热，当加热的金属尖端触探钻石表面时，温度明显下降，电热传感会发出蜂鸣声。

热导仪的结构由控针、三色显示灯、电源指示灯、预备指示灯、电源开关/调整钮、电池盖板六部分组成。

使用时应注意以下事项：
（1）待测宝石必须干净、干燥；
（2）电池电力应充足，预备指示灯很暗时表示电池将耗尽，应及时更换电池；
（3）定期清洁探头，用软纸轻擦即可；
（4）不要用手拿钻石、首饰，可拿托；
（5）测试分钻，光和声可能不会很强；
（6）应尽量垂直台面测试；
（7）控制室内气流，避开风扇及窗口的风；
（8）仪器的探针非常敏感，必须特别小心保护，测毕将探针戴上保护套，并立即断电，电池长时间不用应取出。

热导仪的操作步骤是怎样的呢？具体见表 1-5-13。

表 1-5-13

序号	操作图示	操作步骤详解
1	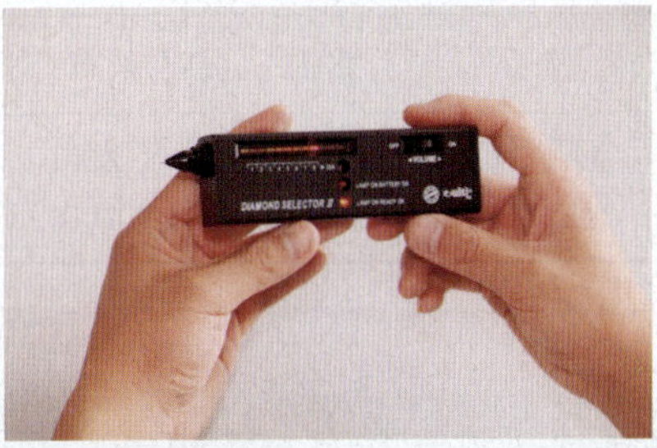	打开电源,电源指示灯亮,仪器开始预热,几秒钟后仪器便可使用
2	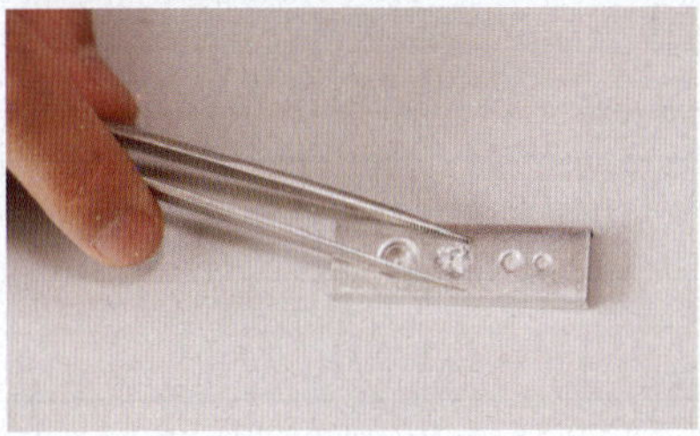	将被测裸钻放入支撑托盘合适的凹孔中,并将其台面朝上,底尖朝下。已镶嵌者不必放托盘孔中,而用手持其即可
3		取下探针护套,手持仪器,右手食指触及仪器后盖导电板;使探针垂直地与被测真假钻石的台面轻轻接触
4	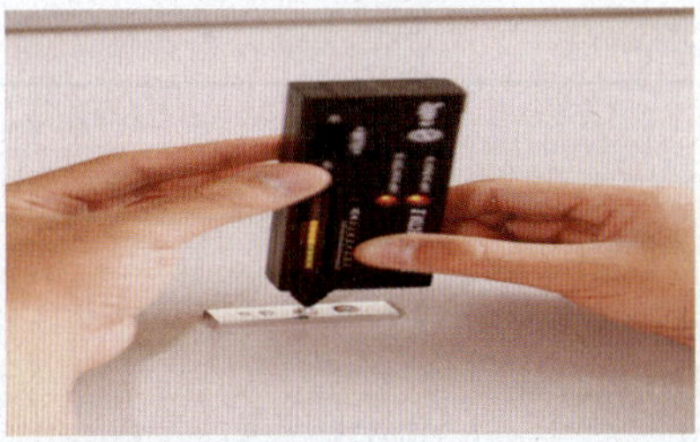	仔细注视仪器的反应,如果仪器上的第9个灯亮,并伴随发出蜂鸣声,这说明被测者为钻石或者合成碳硅石。如果点亮的灯不足9个且仪器不发出蜂鸣声,说明不是钻石,而是其他宝石品种
5	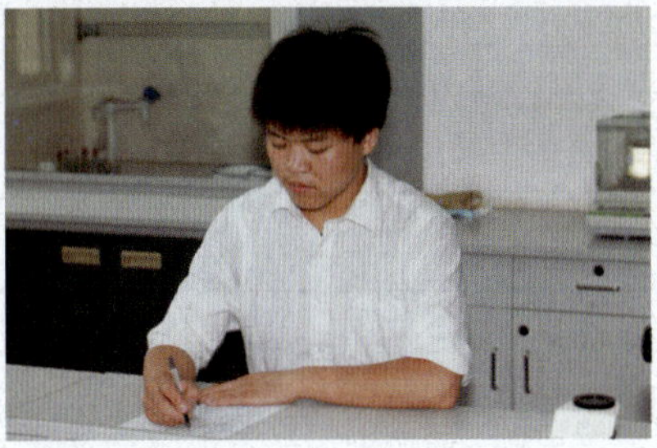	记录测试结果

无色系宝石的热导仪测试反应有什么不同？具体见表1-5-14。

表1-5-14

宝石品种	钻石	CZ	合成碳硅石	锆石	水晶	长石	蓝宝石
热导仪测试反应	发出蜂鸣声	不发出蜂鸣声	发出蜂鸣声	不发出蜂鸣声	不发出蜂鸣声	不发出蜂鸣声	不发出蜂鸣声

请将待测宝石的热导仪测试结果依编号顺序填写到表1-5-15中。

表1-5-15

宝石编号	热导仪测试结果
A	
B	
C	
D	
E	
F	
G	

第八步

综合测试结果，对待测样品进行定名。见表1-5-16。

表1-5-16

样品编号	A	B	C	D	E	F	G
定名							

实训检测

要求：请用放大镜、偏光镜、折射仪、天平以及热导仪对无色系的宝石标本进行检测，并判断宝石种类。

<table>
<tr><th colspan="2" rowspan="2"></th><th colspan="4">肉眼观察</th><th>放大检查</th><th colspan="2">偏光镜测试</th><th>折射仪测试</th><th>静水力学法测试</th><th>热导仪测试</th><th rowspan="2">观察结果及定名</th></tr>
<tr><th>颜色</th><th>透明度</th><th>光泽</th><th>特殊光学效应</th><th>内部特征</th><th>镜下现象</th><th>光性</th><th>折射率</th><th>相对密度</th><th>蜂鸣与否</th></tr>
<tr><td rowspan="7">学生填写</td><td>样品 A</td><td></td><td></td><td></td><td></td><td></td><td></td><td></td><td></td><td></td><td></td><td></td></tr>
<tr><td>样品 B</td><td></td><td></td><td></td><td></td><td></td><td></td><td></td><td></td><td></td><td></td><td></td></tr>
<tr><td>样品 C</td><td></td><td></td><td></td><td></td><td></td><td></td><td></td><td></td><td></td><td></td><td></td></tr>
<tr><td>样品 D</td><td></td><td></td><td></td><td></td><td></td><td></td><td></td><td></td><td></td><td></td><td></td></tr>
<tr><td>样品 E</td><td></td><td></td><td></td><td></td><td></td><td></td><td></td><td></td><td></td><td></td><td></td></tr>
<tr><td>样品 F</td><td></td><td></td><td></td><td></td><td></td><td></td><td></td><td></td><td></td><td></td><td></td></tr>
<tr><td>样品 G</td><td></td><td></td><td></td><td></td><td></td><td></td><td></td><td></td><td></td><td></td><td></td></tr>
<tr><td rowspan="3">教师填写</td><td>评价标准</td><td colspan="4">颜色、透明度、光泽、特殊光学效应描述的准确性</td><td colspan="2">1. 仪器操作的规范性
2. 测试结果的正确性</td><td colspan="4"></td><td>定名的准确性</td></tr>
<tr><td>评价结果</td><td colspan="4"></td><td colspan="2"></td><td colspan="4"></td><td></td></tr>
<tr><td>课业成绩</td><td colspan="4"></td><td colspan="2"></td><td colspan="4"></td><td></td></tr>
</table>

我的心得体会

 知识链接

世界十大名钻

（1）非洲之星：非洲之星钻石为同一颗天然钻石库利南加工而成。库利南（Cullinan）：1905年1月21日发现于南非普列米尔矿山。它纯净透明，带有淡蓝色调，是最佳品级的宝石金刚石，重量为3106ct。一直到现在，它还是世界上发现的最大的宝石金刚石。由于原石太大，需打碎成若干小块。库利南被劈开后，由三个熟练的工匠，每天工作14小时，历时8个月，一共琢磨成了9粒大钻石和96粒小钻石。这105粒钻石总重量1063.65ct，为库利南原重量的34.25%。其中最大的一粒名叫"非洲之星第Ⅰ"，水滴形，重530.2ct，它有74个刻面，镶嵌在英国国王的权杖上。次大的一粒叫做"非洲之星第Ⅱ"，方形，64个刻面，重317ct，镶嵌在英帝国王冠上。现被珍藏于英国的白金汉宫。

(2)光之山:光之山钻石(The Koh-I)是英国王室珠宝的一部分,它来源于印度,英国1849年在战争中把它掠夺过来。这颗钻石会给女性拥有者带来好运,给佩戴它的任何男性带来厄运或死亡。"光之山"钻石1895年被献给英国女王维多利亚,钻石镶嵌在英国女王母后王冠上,现保存在伦敦塔。

(3)艾克沙修:艾克沙修(Excelsior)是世界第四大宝石金刚石。这块宝石金刚石重达995.20ct,被命名为"高贵无比"。直到1905年库利南发现之前,它的重量一直居世界第一(或第二),现在则居第四位。"高贵无比"也是一个大晶体的碎块,它有一边为平整的解理平面。它的质量绝佳,为无色透明的净水钻,在日光下由于紫外线照射发出微弱的蓝色荧光,故略带淡蓝色。1903年,由宝石商亨利将"高贵无比"的原石劈开,琢磨成6粒梨形、5粒卵形和11粒较小的正圆形钻石,它们的重量由69.7ct至不足1ct,总重量为原石的37.5%。

(4)大莫卧儿:大莫卧儿(Great Mogul)也是世界著名的古钻石之一。大约1630—1650年间发现于印度的可拉矿区,原石重787.5旧克拉,后被加工成玫瑰花型。

(5)神像之眼：神像之眼钻石(Idol's Eye)是一颗扁平的梨形钻石,大小犹如一枚鸡蛋。"神像之眼"重 70.2ct。传说它是克什米尔酋长交给勒索拉沙塔哈公主的土耳其苏丹的赎金。

(6)摄政王：摄政王钻石是一颗美丽、优质的钻石,一听到名字就知道这又是一颗与皇室贵族关系密切的珍宝,而它与"希望"一样有着神秘的厄运之说。这颗钻石是在 1701 年由在戈尔康达的克里斯蒂纳河畔帕特尔钻石矿干活的印度奴隶发现的,阿本戴纳花费了 13.5 万英镑买下了这颗钻石,并取名为"摄政王"钻石。

(7)奥尔洛夫：奥尔洛夫钻石是目前世界第三大钻石,重 189.62ct。17 世纪初,在印度戈尔康达的钻石砂矿中发现一粒重 309ct 的钻石原石,根据当时印度国王的旨意,一位钻石加工专家拟把它加工成玫瑰花模样,但未能如愿,使重量损失不少(仅磨出 189.62ct)。这颗美妙绝伦的钻石后来做了印度塞林伽神庙中婆罗门神像的眼珠。

(8)蓝色希望:蓝色希望与奥尔洛夫有着同样的厄运传说。路易十六在得到了这颗王冠蓝钻石后不久,他和王后玛丽安东尼在法国大革命的风暴中上了断头台。1792年大革命中,法国国库遭到劫掠,这颗蓝钻石一度去向不明。在这期间,西班牙画家戈耶曾画过的一张西班牙皇后玛丽亚·露易莎的画像上,戴着的一颗宝石很像那颗失踪的钻石。当时有人推测,或许是法国保皇党人在国外得到它后送到西班牙人手中,或者是西班牙人从盗贼手中买下的。

(9)仙希:双重玫瑰车工的梨形世界名钻仙希,重达55ct,源自于印度,当时约在1570年有一位名叫哈利申斯(Nicolas Harley, Seigneur de Sancy)的使者买了这颗钻石。后来便借给法皇亨利三世(Henry III),放在帽子上。亨利四世也借来做抵押,筹措资金扩充军备,让哈利申斯位居财政高官。之后被委任为英国大使,才卖给伊丽莎白女王一世(Queen Elizabeth I),再传给占士一世(James I)、查理士一世(Charles I)、查理士二世、占士二世,再卖给了法国国王路易十四世(Louis XIV)。从此,The Sancy Diamond在法国皇室内传承,直至法国大革命,于1792年皇室珠宝被窃,钻石也失去了下落。

(10)泰勒伯顿:泰勒·伯顿钻石是1969年理查德·伯顿从珠宝品牌卡蒂亚那为伊丽莎白买下的世界上最大最美的钻石之一,这枚钻石未加工前重244ct,1966年产于南非。珠宝商哈里·温斯顿在切割打磨之后拍卖,并以一百万美元的价格拍出,而伯顿在拍卖第二天以一百零六万九千美元的价格从卡蒂亚手中买下这枚钻石送给伊丽莎白。

钻石产地

世界各地均有钻石产出,已有三十多个国家拥有钻石资源,年产量一亿 ct 左右。产量前五位的国家是澳大利亚、扎伊尔、博茨瓦纳、俄罗斯、南非。这五个国家的钻石产量占全世界钻石产量的 90% 左右。其他产钻石的国家有刚果(金)、巴西、圭亚那、委内瑞拉、安哥拉、中非、加纳、几内亚、象牙海岸、利比利亚、纳米比亚、塞拉利昂、坦桑尼亚、津巴布韦、印度尼西亚、印度、中国、加拿大等。

钻石分级 4C 标准

4C 指钻石的克拉重量、颜色、净度以及切工,通过这四方面对钻石进行等级划分。

克拉重量:钻石的重量越大,产出越稀有,价值也随之越高;

颜色:按照 GIA 颜色分级标准,将钻石颜色划分为 23 个级别,分别用英文字母 D~Z 表示,其中 D~N 这 11 个级别较常用,D 色颜色级别最高,表示极白不带其他色调。

净度:在十倍放大镜下观察钻石内部,净度级别划分为 LC、VVS、VS、SI、P 五个大级,其中 LC 表示镜下无瑕,又可分为 FL、IF 两个小级;VVS 表示具有极微小的内外部特征,又可分为 VVS1、VVS2 两个小级;VS 表示具有微小的内外部特征,又可分为 VS1、VS2 两个小级;SI 表示具有明显的内外部特征,又可分为 SI1、SI2 两个小级;P 表示从冠部观察,肉眼可见钻石

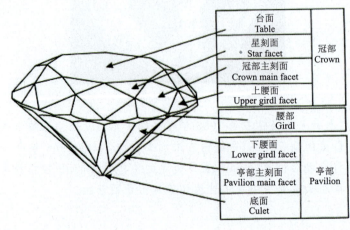

内具有内外部特征,细分为 P1、P2、P3。

切工:切工分级是通过测量和观察,从比例和修饰度两个方面对钻石加工工艺的完美程度进行等级划分。一般划分为 EX、VG、G、F、P 五个等级,EX 等级最高,表示完美切工。

戴比尔斯

De Beers 是世界钻石业的巨人,一条龙主宰了全球 4 成的钻石开采和贸易。De Beers 在 1888 年由塞西尔·罗德斯创办,现在公司总部在南非约翰内斯堡,是一家私人公司。其集团下的一个子公司钻石咨询中心,简称 DTC,负责市场推广。戴比尔斯主要业务包括钻石矿石开采、贸易、工业钻石生产及加工等。

宝石常见特殊光学效应

常见的特殊光学效应有以下七种:

(1)猫眼效应:在平行光线照射下,以弧面型切磨的某些宝石表面呈现一条明亮的光带,随样品或光线的转动而移动。现在市场上的猫眼石指的是金绿宝石猫眼,其他具有猫眼效应的宝石不能称为猫眼石,只能在名称后加上"猫眼"两字,例如海蓝宝石猫眼、水晶猫眼等。

(2)星光效应:平行光线照射下,以弧面型切割的某些宝石表面呈现出两条或两条以上交叉亮线的现象。

(3)砂金效应:宝石内部含有细小片矿物包裹体(如云母、赤铁矿)对光反射所产生的闪烁现象。含有砂金效应的宝石品种有日光石和东陵石等。

(4)变彩效应:光从欧泊特有的特殊结构反射出来,产生的颜色随观察方向不同而变化的现象。

(5)变色效应:宝石在不同的光源下,呈现明显颜色变化的现象。如变石在日光下是绿色,在烛光下呈红色。变色效应最好的品种是金绿宝石,称为亚历山大变石,它可以像祖母绿一样翠绿,也可以像红宝石一样艳红。

(6)月光效应:当入射光照射到弧面型长石表面时,形成蔚蓝色、乳白色的晕色效应。

(7)晕彩效应:光波因薄膜反射或衍射而发生干涉作用,致使某些光波减弱或消失,某些光波加强而产生的颜色现象称为晕彩效应。常见到晕彩效应的宝石为拉长石。

课后拓展

查一查(网络或相关书籍)
(1)钻石是_____月的生辰石。
(2)钻石 4C 分级标准是指_____。
(3)钻石产量最高的国家是_____。
(4)长石的品种有_____。
(5)热导仪是根据钻石的_____性质制造的。
(6)CZ 的中文名称是_____。
(7)宝石常见的特殊光学效应有_____。

模块二　常见玉石的鉴别

任务六　翡翠及相似玉石的鉴别

任务导入

李先生做生意急需周转资金,把祖传的一只满绿镯子(见图)送到中天典当行典当。在典当行中经工作人员鉴定为翡翠 A 货,同意抵押放款。

翡翠与相似玉石的种类和价值有何区别?

市场上与翡翠容易混淆的玉石主要有岫玉、独山玉、石英质玉石、钠长石玉、水钙铝榴石、葡萄石、玻璃、符山石等,以及常用来冒充翡翠 A 货的染色岫玉、染色石英岩和翡翠 B+C 货等,这里主要介绍岫玉、独山玉、石英质玉石、染色岫玉、染色石英岩和翡翠 B+C 货这几种。单从外观上看,玉石颜色都是绿色,不易区分,需要典当行的专业人士借助一定的仪器对其进行区分。

翡翠 A 货、翡翠 B 货、翡翠 C 货、翡翠 B+C 货分别指什么？

翡翠 A 货：将没有经过任何优化处理的翡翠称为 A 货。
翡翠 B 货：指经过漂白充填处理的翡翠。
翡翠 C 货：将经过人工染色处理的翡翠则称为 C 货。
翡翠 B+C 货：是指天然翡翠经过漂白、染色和充填处理的翡翠。值得注意的是，B 货、C 货、B+C 货的翡翠也是天然的翡翠，只是经过了后期的人工处理。

你知道关于翡翠的一些商业术语吗？

翠性：翡翠结构较粗时，可以在翡翠的表面观察到星点状、线状及片状闪光，称翡翠的翠性，翠性是翡翠鉴别的特征之一。
水头：翡翠的透明度称为"水头"，是指光线穿透翡翠的能力。
翡翠的质地：俗称"地子"或"地张"，简称"地"或"底"，是指翡翠除去主体绿色之外的质量状况。
翡翠的种：又称"种质"或"种分"，是对翡翠的颜色、透明度和质地等品质因素的综合评价。
春花：紫色、绿色、白色相掺，紫、绿无形，有春花怒放之意。
福禄寿：绿色、红色、紫色同存于一块翡翠上，象征吉祥如意，代表福禄寿三喜。
五福临门：同一块料上可有五种颜色。

你知道石英质玉石都有哪些吗？

常见的石英质玉石有玉髓、玛瑙、碧玉、东陵石、密玉、京白玉、木变石、硅化木等。
玛瑙、碧玉都是玉髓的一种，玛瑙是具不同颜色纹带或环带状构造的玉髓；碧玉是含有氧化铁、黏土矿物等杂质的玉髓。

玉髓

东陵石

玛瑙

虎睛石

 鉴定步骤

第一步
准备鉴定仪器和鉴定样品,见表 2-1-1、表 2-1-2。

表 2-1-1 器具准备

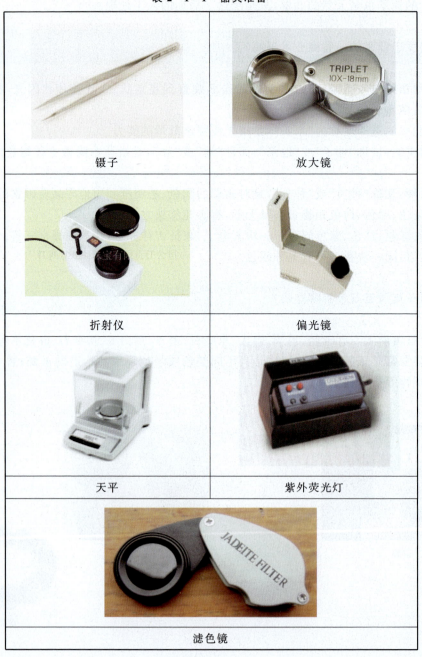

镊子	放大镜
折射仪	偏光镜
天平	紫外荧光灯
滤色镜	

模块二 常见玉石的鉴别 · 109 ·

表 2-1-2 待测样品准备

如何对这些宝石样品进行鉴定呢?

首先,对待测样品进行肉眼观察,然后放大检查,着重观察玉石的结构特征和颜色分布,其次规范操作偏光镜、折射仪、天平、紫外荧光灯以及滤色镜,检测出以上宝石样品的光性、折射率、密度、紫外荧光灯下变化和滤色镜下变化结果,根据测试结果判断宝石大致类别,准确填写到记录单上。

第二步
对待测样品进行肉眼观察(具体参见任务一红色系宝石的鉴别第二步肉眼观察)。

你知道玉石的肉眼观察主要观察哪些方面吗？

玉石的肉眼观察主要以颜色、光泽、透明度以及结构特征为主；玉石常见的光泽主要有玻璃光泽、油脂光泽、蜡状光泽。

待测样品所呈现的外观特征是什么？见表 2-1-3。

表 2-1-3

宝石品种	颜色	光泽	透明度	结构
翡翠	常见绿、白、红、黄	玻璃光泽	半透明—不透明	纤维交织结构
岫玉	颜色均匀,常呈黄绿色	油脂至蜡状光泽	半透明至不透明	纤维状结构
独山玉	颜色以白、绿为主或呈蓝绿色,分布不均,呈斑杂状	玻璃至油脂光泽	微透明—半透明	粒状结构
玛瑙	多种	玻璃至油脂光泽	微透明—半透明	隐晶质结构
东陵石	绿色	玻璃至油脂光泽	微透明—半透明	粒状结构
染色岫玉	绿色	蜡状至玻璃光泽	半透明至不透明	纤维状结构
翡翠 B+C	绿色,基地变白,绿色发浮	树脂或蜡状光泽	半透明至不透明	纤维状结构
染色石英岩	多种	玻璃光泽	微透明—半透明	粒状结构
葡萄石	黄绿、绿色	玻璃光泽	透明至不透明	放射状纤维结构

请将待测宝石的外观特征依编号顺序填写到表 2-1-4 中。

表 2-1-4

样品编号	颜色	光泽	透明度	结构
A				
B				
C				
D				
E				
F				
G				
H				
I				

什么是油脂光泽和蜡状光泽？

油脂光泽，是指呈现出如同油脂般的光泽，如石英断口的光泽。蜡状光泽就是光泽呈亮蜡状。

什么是纤维交织结构？什么是粒状纤维交织结构？什么是毛毡状结构？什么是粒状结构？什么是隐晶质结构？

结构是指玉石的组成矿物形态及结合方式。在翡翠与相似玉石的鉴别过程中，结构是首要的鉴定依据。

纤维交织结构：组成矿物呈纤维状、柱状或具拉长的柱粒状交织在一起，统称为"纤维交织结构"。

粒状纤维交织结构：中粒状、纤维状的矿物颗粒呈近乎定向或交织排列在一起。

毛毡状结构（显微隐晶质结构）：由细小的纤维相互交织在一起的块体，一般呈毛毡状、簇状、捆状交织在一起。

粒状结构：是指岩石中同种主要矿物的粒径大小相近或大小不等的晶质结构。

隐晶质结构：矿物颗粒很细，肉眼无法分辨出矿物颗粒的结构。

第三步

对待测样品进行放大观察（具体参见任务一红色系宝石的鉴别第三步放大检查）。

翡翠及相似玉石的结构特征有哪些不同？具体见表 2-1-5。

表 2-1-5

宝石种类	放大检查特征
翡翠	纤维交织结构；翠性
岫玉	细粒叶片状或纤维状结构
独山玉	粒状结构
玛瑙	隐晶质结构；表面可见条带及同心环带
东陵石	粒状结构；内部可见绿色片状物体
染色岫玉	结构与天然的一样，可见裂隙处染料聚集
染色石英岩	结构与天然的一样，可见染料在裂隙处聚集
翡翠 B+C 货	酸蚀网纹和溶蚀凹坑，以及染料沿颗粒边缘间隙或裂隙呈网状分布；在较大的裂隙处，还可见染料的沉淀或聚集
葡萄石	放射状纤维结构

请将待测宝石的放大检查内外部特征依编号顺序填写到表 2-1-6 中。

表 2-1-6

样品编号	放大检查内外部特征
A	
B	
C	
D	
E	
F	
G	
H	
I	

在翡翠的鉴定中,结构是主要的鉴定依据,怎么根据结构特征区别翡翠的 A、B、C 及 B+C 货呢?

在用放大检查法观察翡翠 B+C 货及其仿制品时,反射光下可见酸蚀网纹和溶蚀凹坑,透射光下可见染料颗粒边缘间隙或裂隙呈网状分布;在较大的裂隙处,还可见染料的沉淀或聚集。下图依次是翡翠的 B 货、C 货及与 A 货的表面结构对比图。

B货　　　　　　　　　　　染色

A、B货表面对比

翡翠的 B 货、C 货和 B+C 货的处理过程是怎样的？

B 货：B 货翡翠制作主要是经过选料—强酸浸泡—弱碱中和—烘干—填充—抛光六步来完成。

C 货：稀酸清洗—染料浸泡—烘干—上蜡—抛光。

B+C 货：强酸浸泡—弱碱中和—染色—充填—抛光。

从左至右依次为：未经处理—浸酸处理—充胶处理

你知道快速鉴别翡翠 B 货的方法吗？

光泽：树脂或蜡状光泽，光泽与 A 货比较玻璃光泽变淡；

颜色：绿色和地子的颜色不协调，基底变白，绿色分布较浮，绿色和基底之间看起来很不自然，原本丝状、带状的颜色被渐渐扩展开来，原来颜色的定向性也被破坏了。

敲击法：天然翡翠手镯敲击时声音清脆高远，发脆；B 货的声音则发闷而浑浊。

第四步

用偏光镜对待测样品进行检测（具体可见任务一红色系宝石的鉴定第四步偏光镜检测）。

翡翠及相似玉石的偏光镜测试现象有什么特点？具体见表 2-1-7。

表 2-1-7

宝石种类	偏光镜现象	宝石光性
翡翠、岫玉、独山玉、石英质玉石、染色岫玉、染色石英岩和翡翠 B+C 货、葡萄石	全亮	非均质集合体

·114· 宝玉石鉴定

请将待测宝石的偏光镜现象和宝石光性依编号顺序填写到表 2-1-8 中。

表 2-1-8

宝石种编号	偏光镜现象	宝石光性
A		
B		
C		
D		
E		
F		
G		
H		
I		

第五步

采用远视法,使用折射仪对待测样品进行检测,具体见表 2-1-9。

表 2-1-9

序号	操作图示	操作步骤详解
1	 	用酒精棉清洗棱镜和玉石,摘下偏光片
2	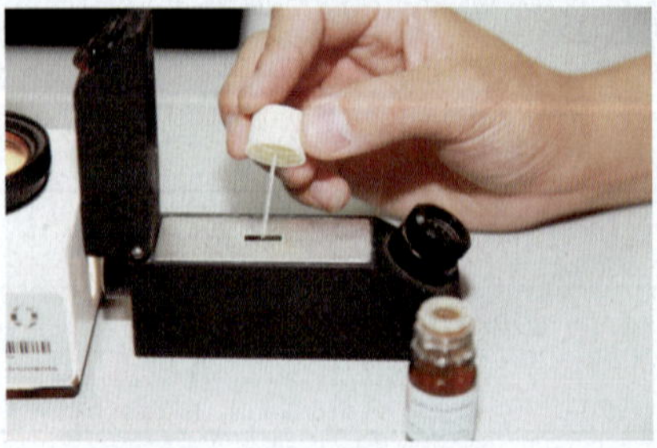	在金属台上点一滴接触液

续表 2-1-9

序号	操作图示	操作步骤详解
3		手持玉石，用弧面或小刻面接触金属台上的液滴，以保证玉石上的接触液滴直径约为 0.2mm。若玉石上的液滴较大，则不易得到清晰而准确的读数
4		将带有合适液滴的玉石轻轻放置于棱镜中央，使玉石通过液滴与棱镜形成良好的光学接触
5	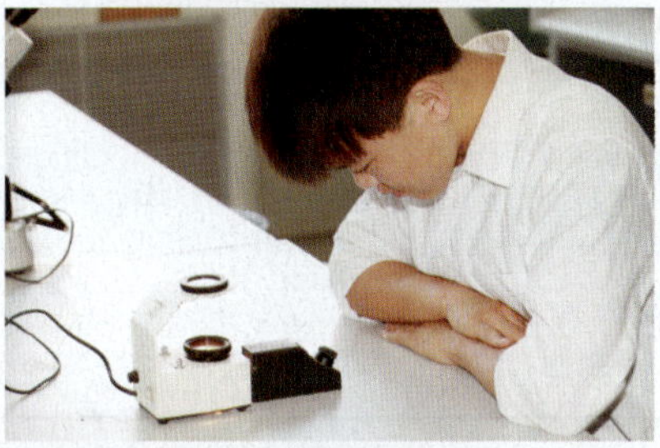	眼睛距目镜 30～45cm，平行目镜前后（有人称之为上、下）移动头部，观察液滴呈半明半暗时明暗交界处的读数，读数可精确到小数点后第二位
6		在检测记录单上记录数据
7	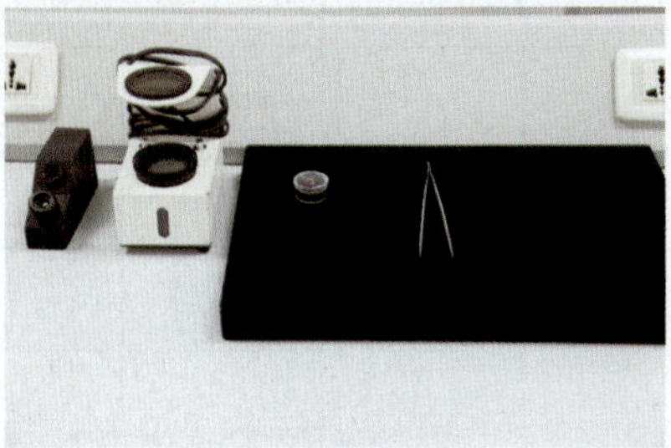	清洗玉石和棱镜，将玉石和棱镜归位，清洁操作台。（清洗棱镜时要注意将沾有酒精的棉球或镜头纸沿着一个方向擦洗，以防接触液中析出的硫划伤棱镜

翡翠及相似玉石的折射率有什么区别？具体见表 2-1-10。

表 2-1-10

宝石种类	折射率	双折射率
翡翠	1.66	无
岫玉	1.56	无
独山玉	1.56～1.70	无
玛瑙	1.54	无
东陵石	1.54	无
染色岫玉	1.56	无
染色石英岩	1.54	无
翡翠 B+C 货	1.65	无
葡萄石	1.63	无

请将待测宝石的折射率读数依编号顺序填写到表 2-1-11 中。

表 2-1-11

样品编号		过程性读数				最终读数
	标本转动角度	0°	90°	180°	270°	
A	折射仪显示数据					
B	折射仪显示数据					
C	折射仪显示数据					
D	折射仪显示数据					
E	折射仪显示数据					
F	折射仪显示数据					
G	折射仪显示数据					
H	折射仪显示数据					
I	折射仪显示数据					

第六步

应用静水力学法对待测样品进行相对密度检测(具体可见任务一红色系宝石的鉴别第六步相对密度检测)。

翡翠及相似玉石的相对密度有什么差别?见表 2-1-12。

表 2-1-12

宝石种类	翡翠	岫玉	独山玉	玛瑙	东陵石	染色岫玉	染色石英岩	翡翠 B+C 货	葡萄石
相对密度	3.34	2.57	2.90	2.60	2.65	2.57	2.65	3.00~3.30	2.80~2.95

请将待测宝石的天平读数依编号顺序填写到表 2-1-13 中。

表 2-1-13

样品编号	过程性数据			宝石相对密度
	宝石在空气中的质量	宝石在水中的质量	宝石在空气中的质量-宝石在水中的质量	
A				
B				
C				
D				
E				
F				
G				
H				
I				

第七步

用紫外荧光灯对待测样品进行荧光检测。

紫外荧光灯的长波和短波的波长是多少?

紫外荧光灯灯管能辐射出一定波长范围的紫外光波,经过特制的滤光片后,仅射出主要波长为 365nm 的长波或 253.7nm 的短波的紫外光。一般情况下,宝石在长波下的荧光强度通常大于短波下的荧光强度。短波紫外线对人的眼镜有伤害。

紫外荧光灯的常规用途有哪些？

（1）鉴定宝石品种，可区分颜色相似的宝石品种。如红宝石有红色荧光，红色石榴石无荧光。

（2）区分天然宝石和合成宝石。

（3）判断群镶钻石和仿制品：钻石的荧光是变化的，群镶钻石所展现的荧光强度和颜色各不相同，但钻石仿制品的荧光可能是一致的。

紫外荧光灯的使用步骤是怎样的？具体见表 2-1-14。

表 2-1-14

序号	操作图示	操作步骤详解
1		将待测玉石置于紫外灯下
2	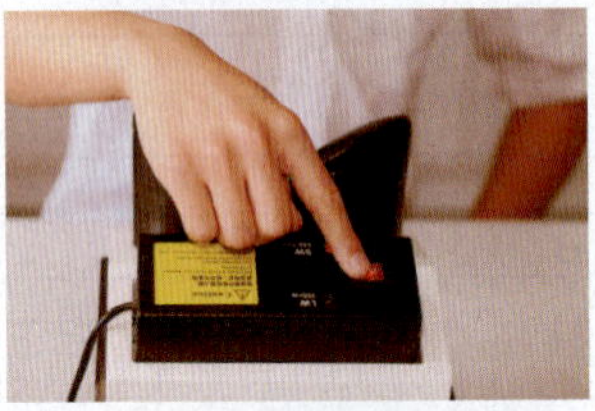	打开光源
3		选择长波（LW）或短波（SW）
4	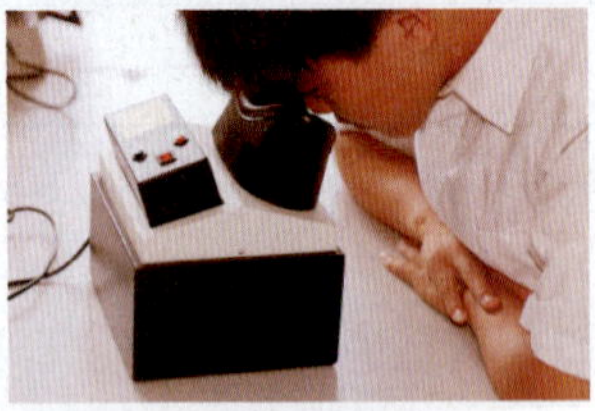	俯视，通过观察窗观察玉石的发光性，观察时除了注意荧光的强弱外，还需注意荧光的颜色和荧光的发出部位
5	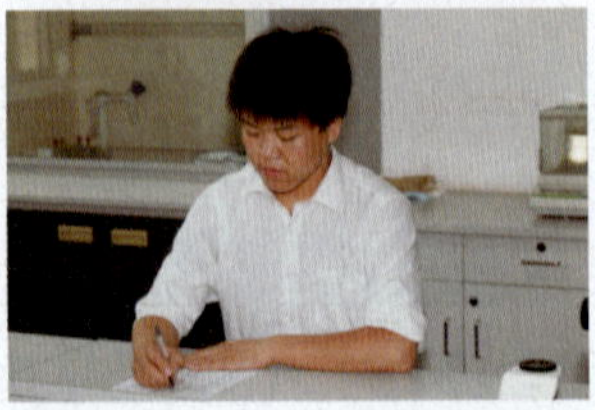	在检测记录单上记录测试结果

你知道紫外荧光灯在翡翠及其他玉石鉴别中的作用是什么吗?

天然玉石一般很少具有荧光效应,一般经过人工处理(充填、染色)过的宝玉石,在紫外荧光下多数可见白垩状的荧光反应。例如:翡翠B+C货在紫外灯下可见白垩状的蓝或者绿色荧光。

请将待测宝石紫外荧光灯测试结果依编号顺序填写到表 2-1-15 中。

表 2-1-15

宝石编号	紫外荧光灯测试结果
A	
B	
C	
D	
E	
F	
G	
H	
I	

为什么每个宝石看起来都是发紫色荧光?

有时由于宝石刻面对紫外光的反射,会造成宝石发出紫色荧光假象,即此时的紫色非宝石的荧光而是反射光。在这种情况下,只需将宝石放置方位稍加改变即可。此外,荧光是宝石整体发出的光,而刻面反光并非如此,其光强不均匀,并且显得呆板。

第八步
用滤色镜对待测样品进行检测(具体可见任务三绿色系宝石的鉴别第七步滤色镜测试)。

翡翠及相似玉石进行滤色镜测试颜色是否会发生变化?具体见表 2-1-16。

表 2-1-16

玉石种类	滤色镜下颜色变化
翡翠	不变
岫玉	不变
独山玉	变红
玛瑙	变红
东陵石	变红
染色岫玉	变红或不变（跟染色染料成分有关系）
染色石英岩	变红或不变（跟染色染料成分有关系）
翡翠 B+C 货	变红或不变
葡萄石	不变

请将待测宝石的滤色镜测试现象依编号顺序填写到表 2-1-17 中。

表 2-1-17

宝石编号	滤色镜下颜色变化
A	
B	
C	
D	
E	
F	
G	
H	
I	

第九步

综合测试结果，对待测样品进行定名，见表 2-1-18。

表 2-1-18

样品编号	A	B	C	D	E	F	G	H	I
定名									

实训检测

要求：请用放大镜、偏光镜、折射仪、天平、紫外荧光灯和滤色镜对玉石标本进行检测，判断玉石种类。

<table>
<tr><th rowspan="2"></th><th colspan="3">肉眼及放大观察</th><th colspan="2">偏光镜测试</th><th>折射仪测试</th><th>静水力学法测试</th><th>紫外荧光灯下反应</th><th>滤色镜下颜色变化</th><th rowspan="2">观察结果及定名</th></tr>
<tr><th>颜色</th><th>透明度</th><th>光泽</th><th>结构</th><th>镜下现象</th><th>光性</th><th>折射率</th><th>相对密度</th><th></th><th></th></tr>
<tr><td>样品 A</td><td></td><td></td><td></td><td></td><td></td><td></td><td></td><td></td><td></td><td></td><td></td></tr>
<tr><td>样品 B</td><td></td><td></td><td></td><td></td><td></td><td></td><td></td><td></td><td></td><td></td><td></td></tr>
<tr><td>样品 C</td><td></td><td></td><td></td><td></td><td></td><td></td><td></td><td></td><td></td><td></td><td></td></tr>
<tr><td>样品 D</td><td></td><td></td><td></td><td></td><td></td><td></td><td></td><td></td><td></td><td></td><td></td></tr>
<tr><td>样品 E</td><td></td><td></td><td></td><td></td><td></td><td></td><td></td><td></td><td></td><td></td><td></td></tr>
<tr><td>样品 F</td><td></td><td></td><td></td><td></td><td></td><td></td><td></td><td></td><td></td><td></td><td></td></tr>
<tr><td>样品 G</td><td></td><td></td><td></td><td></td><td></td><td></td><td></td><td></td><td></td><td></td><td></td></tr>
<tr><td>样品 H</td><td></td><td></td><td></td><td></td><td></td><td></td><td></td><td></td><td></td><td></td><td></td></tr>
<tr><td>样品 I</td><td></td><td></td><td></td><td></td><td></td><td></td><td></td><td></td><td></td><td></td><td></td></tr>
<tr><td>评价标准</td><td colspan="5">颜色、透明度、光泽、特殊光学效应描述的准确性</td><td colspan="3">1. 仪器操作的规范性
2. 测试结果的正确性</td><td colspan="2"></td><td>定名的准确性</td></tr>
<tr><td>评价结果</td><td colspan="5"></td><td colspan="3"></td><td colspan="2"></td><td></td></tr>
<tr><td>课业成绩</td><td colspan="11"></td></tr>
</table>

（学生填写：样品 A–I 及评价标准、评价结果、课业成绩部分由教师填写）

我的心得体会

 知识链接

翡翠的传说

"翡,赤羽雀也;翠,青羽雀也",这是东汉年间许慎《说文解字》对翡翠两字的解释。后来,古人将这两个原本形容鸟羽毛的字转用到描写红色和绿色的饰物。大概到了宋代,两字合并,用来描写碧绿色的碧玉,当时的"翡翠"并不是我们现在翡翠的含义,而是一种软玉。到了清代,翡翠鸟的羽毛被作为饰品进入宫廷,尤其是绿色的翠羽深受皇宫贵妃的喜爱。清代中期,大量的缅甸玉通过进贡进入皇官深院,为贵妃们所宠爱,由于其颜色也多为绿色、红色,且与翡翠鸟的羽毛色相同,故人们称这些缅甸玉为翡翠。

翡翠的历史文化

在中国古代,玉乃是国之重器,祭天的玉壁、祀地的玉琮、礼天地四方的圭、璋、琥、璜都有严格的规定。玉玺则是国家和王权之象征,从秦朝开始,皇帝采用以玉为玺的制度,一直沿袭到清朝。汉代佩玉中有驱邪三宝,即玉翁仲、玉刚卯、玉司南佩,传世品多有出现。汉代翡翠中"宜子孙"铭文玉璧、圆雕玉辟邪等作品,都是祥瑞翡翠。唐宋时期翡翠某些初露端倪的吉祥图案,尤其是玉雕童子和花鸟图案的广泛出现,为以后吉祥类玉雕的盛行铺垫了基础。辽、金、元时期各地出土的各种龟莲题材的玉雕制品就是雕龟于莲叶之上。在明代,尤其是后期,在翡翠雕琢上往往采用一种"图必有意、意必吉祥"的图案纹饰。清代翡翠吉祥图案有仙人、佛像、动物、植物,有的还点缀着禄、寿福、吉祥、双喜等文字。清代翡翠中吉祥类图案的大量出现、流行,实际上从一个侧面体现了当时社会人们希望借助于翡翠来祝福他人、保佑自身、向往与追求幸福生活的心态。玉是中国人手中的宝,更是心中的魂。人们将天然翡翠雕刻成各种图案,并赋予其美好的寓意,包括玉佛、如意、平安扣、竹节、长命锁、福豆、貔貅等。寓意丰富,如百年好合、龙凤呈祥、福寿双全、状元及第、连升三级、吉祥如意等。

翡翠的质地和种的分类

翡翠常见的质地有：

(1) 玻璃地：完全透明，结构细腻。一般底色为无色或有色，基本无"石花"，是翡翠中最高档地子。

(2) 冰地：底色为无色或淡色，透明—亚透明，透明如冰，有时可有少量石花等絮状物，是翡翠中的高档地子。

(3) 糯米地：底色白色，半透明—微透明，玉质细腻，具有熟糯米细腻感，结构较均匀，在10倍放大镜下可见模糊的颗粒边界。

(4) 油地：深绿色至暗绿色，并明显带有灰色或蓝色色调，半透明，质地细腻，表面泛油脂光泽。

(5) 豆地：颜色多为浅绿色，半透明—微透明，中—粗粒结构，常带有石花，颗粒边界清晰，肉眼可见颗粒。

翡翠常见的种如下：

(1) 老坑种：用来形容颜色符合正、阳、浓、匀的翡翠，透明度高，质地细腻，若老坑种翡翠透明度很高，水头足，则称为老坑玻璃种，是翡翠中最高档的品种。

(2) 玻璃种：无色透明，晶莹剔透，结构细腻。

(3) 冰种：无色或淡色，亚透明或透明，结构细腻，肉眼可见少量石花等絮状物。

(4) 飘蓝花或绿化冰种：冰种翡翠上有蓝色或绿色絮状或脉状物分布，称为冰种飘蓝花或冰种飘绿花。

(5) 白地青种：底色为白色，绿色鲜艳呈团块状，与白色形成鲜明对比。大多数为不透明。

(6) 油青种：颜色为深绿色至暗绿色，带有明显灰色或蓝色色调，透明度一般较好，质地细腻，表面光泽似油脂。

(7) 豆种：颜色多为浅绿色，半透明—微透明，中—粗粒结构，肉眼可见明显的颗粒边界。

翡翠的评估及估价原则

颜色是评价翡翠的第一因素，好的颜色要达到的标准是：浓、阳、正、匀。

浓：指颜色的深浅，就翡翠绿色来讲浓度最好在70%～80%之间，90%已经为过浓了。

阳：是指翡翠颜色的鲜阳明亮程度，翡翠的明亮程度主要是由翡翠含绿色和黑色或灰色的比例来决定的。绿色比例多颜色会明亮，若含黑或灰色多了，颜色就灰暗了，行家往往采取形象的方法来表示颜色的鲜阳。例如：黄杨绿、鹦鹉绿、葱心绿、辣椒绿，都是指鲜阳的颜色。而菠菜绿、油青绿、江水绿、黑绿，则指颜色沉闷的暗绿色。

正：就是指色调的范围，根据主色与次色的比例而定，就是说要纯正的绿色，不要混有其他的颜色。例如油青中常有混油蓝色，价值就会降低。越鲜阳的翡翠，价值自然越高。

匀：是指翡翠的颜色分布的均匀度。翡翠的颜色一般分布都是不均匀的，如能得到颜色分布均匀的翡翠实在也不是容易的事。

最佳的颜色：应该是绿色纯正、绿色浓度在70%～80%、颜阳明亮、颜色分布均匀，这类高档翡翠行家习惯称之为老坑种。

估价原则:
(1)翡翠之绿:愈娇绿的愈具价值。
(2)透明度:硬玉内部结晶组织紧密的质地较好,透明度也相应高,我们所说的玻璃种就是这种透明度高的硬玉,如因玉石本身含铬丰富则形成了冰种翡翠,价值不菲且难求。
(3)色匀:除了颜色娇绿、透明度高之外,还必须色调均匀才是上品。
(4)瑕疵:要注意有无裂纹、斑点等,这些瑕疵都会影响硬玉的品质。
(5)形状:大多数的翡翠戒面是椭圆蛋面形的,至于其他的形状则有多种,形状的好坏与美丽对玉石的价格也有影响。
(6)雕工:雕件的佩饰其工夫的好坏与象征的意义都对价格有影响。
(7)大小、厚度:相同品质的玉石当然是以大而厚的价格较高。
(8)光泽:除了上述条件外,光泽还要鲜明,不可阴暗。

翡翠的产地

翡翠的形成条件非常苛刻,所以目前知道的只有8个国家出产翡翠。它们是缅甸、美国、俄罗斯、危地马拉、哈萨克斯坦、日本、墨西哥以及哥伦比亚。几十年来,许多专家预测过翡翠在我国可能出现的地带,也组织地质人员寻找过,但至今未有发现。

缅甸是世界上产量最大、品质最好的翡翠产地。据统计,目前市场上能够达到宝石级的翡翠玉石95%以上来自缅甸,因而翡翠又称为缅甸玉。缅甸出产翡翠有十大名坑:目乱干、帕岗、灰卡、麻蒙、打木砍(刀磨砍)、抹岗、自壁、龙塘、马萨和后江(坎底)。

美国的翡翠呈绿、浅绿、暗绿或灰白色。物性与缅甸翡翠相似,但总的说来价值不高,缺乏饰用的高绿翡翠;用作玉雕,则又因易破碎而出成率低。

俄罗斯翡翠,目前在俄罗斯发现的有两个大的矿床,其中比较有名的叫做西萨彦岭卡什卡拉克翡翠矿床。那里的翡翠产量最大,质量最好。西萨彦岭出产的翡翠品质相对较好,虽然少有首饰级翡翠产出,但普遍具有一定的商业价值,部分可以达到缅甸的中低档花牌料和砖头料。另一个产矿叫做普斯耶卡翡翠矿,这个地方偶尔也会有极少的首饰级翡翠出现,但是总体品质很差。

日本的翡翠产地散布在日本新泻县、鱼川市、青海町等地。主要为原生矿,颜色以绿色、白色为主,质地较干。

哈萨克斯坦的翡翠主要呈浅灰、暗灰、浅绿、暗绿等颜色,其品质大多和缅甸商品级不透明、水头差、结构粗的雕刻料相当。在早期生成的翡翠中也可见少量祖母绿色的细脉和小块体。

危地马拉的翡翠主要由它们的公司控制开采,市场上只销售成品而不卖原料,使该地翡翠更添神秘色彩。目前市场上见到的品种有绿色、紫色、蓝色、黑色和彩虹系列的翡翠。由于该地翡翠全部天然,没有B货和C货等改善处理的品种,因而受到欧美市场的认同,开始成为缅甸翡翠强有力的竞争者。

岫玉的四大玉王

"玉石王":玉石王体积为 $100.68m^3$,密度为 $2.59t/m^3$,得其总重量为 260.76t。

"井中王":玉料高 1.2m,宽 2.6m,重 12.6t。

"巨型玉体":玉石高 25m,最大直径 30m,总体积达 2.4 万立方米,总重量约 6 万吨,是前玉石王的 200 多倍。

"河磨王":这块巨型河磨玉,重约 8t,是迄今所知世界上最大的一块璞玉。

岫玉的产地

岫玉以产于辽宁省鞍山市岫岩满族自治县而得名,为中国历史上的四大名玉之一。广义上可分两类:一类是老玉,老玉中的籽料称做河磨玉,属于透闪石玉;另一类是岫岩碧玉,属蛇纹石类矿石,其中以深绿、通透少瑕为珍品。

(1)岫岩玉:产于辽宁省岫岩县的蛇纹石玉,历史悠久,量最多,市场上所见的岫玉大多产自此地。岫岩玉是以豆绿色为主色的多色玉石,属蛇纹石的变种闪化辉绿岩。岫岩玉质地细腻,硬度高。白色的岫岩玉称"白岫玉",黄色的岫岩玉称"黄岫玉"。

(2)酒泉岫玉:产于甘肃省祁连山地区,又称祁连玉或祁连山玉。是一种含有黑色团块的暗绿色蛇纹石玉。酒泉岫玉多呈墨绿色、黑色条带状,半透明至微透明,硬度较小。

(3)信宜岫玉:又称南方岫玉、南方玉,产于广东省信宜市境内。此地所产岫玉表面有深浅不一的绿色花纹,大多呈黄绿色、绿色,玉石表面有蜡状光泽。

(4)陆川岫玉:产于广西壮族自治区陆川县。玉石表面有浅白色的花纹。

(5)台湾岫玉:产于台湾省花莲县,常含铬铁矿等包裹体。玉石表面有暗绿色的条纹。

阜新玛瑙

阜新是我国主要的玛瑙产地、加工地、玛瑙制品集散地,玛瑙资源储量丰富,占全国储量的50%以上,且质地优良。目前阜新市玛瑙产品年销售额已达到2.5亿元,产品销往全国各大城市、旅游景区以及30多个国家和地区。阜新市已经成为全国最大的玛瑙交易中心和玛瑙产品集散地。

阜新玛瑙不仅色泽丰富,纹理瑰丽,品种齐全,而且还产珍贵的水胆玛瑙。阜新县老河土乡甄家窝卜村的红玛瑙和梅力板村前山的绿玛瑙极为珍贵。阜新玛瑙加工业尤为发达,其作品连续几年获得全国宝玉石器界"天工奖"。

辽宁阜新是玛瑙之乡,阜新市的玛瑙开采与制作历史悠久,其上限可追溯至8000年以前。闻名于世的新石器早期原始人类聚落遗址查海遗址曾出土近百件玉器,其中多件作为刀具的刮削器为玛瑙质。现今阜新玛瑙雕刻工艺享誉海内外,阜新清河门辽墓出土的莲花式盅及玛瑙管珠项链、酒杯、围棋等距今已有1000年的历史。清代乾隆年间,官廷所用玛瑙饰物和雕件的用料及工艺大部分来自阜新。

阜新玛瑙　　　　　　　　雕刻作品

课后拓展

查一查(网络或相关书籍)
(1)翡翠好的颜色要达到_____、_____、_____和_____。
(2)翡翠主要的产地是_____。
(3)翡翠的B货是_____,C货是_____。
(4)翡翠的结构是_____,岫玉的结构是_____,东陵石的结构是_____。

任务七　软玉及其仿制品的鉴别

 任务导入

新疆和田盛产瓜果和玉石,其中的羊脂玉和墨玉更是久负盛名,和田河的支流玉龙喀什河和喀拉喀什河,以产羊脂玉和墨玉而闻名于世。和田玉在中国至少有七千年的历史,是中国玉石文化的主体。黄女士的同学从新疆和田旅游回来,带了一个软玉的平安扣(见下图)给她,她认识一个拍卖行的朋友,就请他帮忙鉴定一下是不是和田玉。

拍卖行是做什么的?

◆ 拍卖行是接受收藏者的委托,替他们拍卖商品,从收藏者那里获取佣金,并从购买者那里获取奖金的一个类似中介的机构。

◆ 拍卖行的工作流程:拍品的征集—对征集的拍品进行综合评估鉴定—图录编注—印制拍卖图录—发布广告—按事先确定的时间与地点等备拍卖会—召开拍卖会—拍品移交。

◆ 我们主要围绕第二步内容进行展开。

目前鉴定机构为软玉出具的证书好多鉴定为和田玉,那是否说明就是产自新疆和田的软玉呢?

现在,和田玉已不再具有产地意义,而成为了商品名。无论哪里出产的软玉,都可以使用和田玉这个名称。如:青海出产的就称为青海料,俄罗斯出产的就称为俄罗斯料,新疆和田地区出产的就称为和田料,以此类推。

模块二　常见玉石的鉴别

鉴定步骤

第一步
准备鉴定仪器和鉴定样品,见表 2-2-1、表 2-2-2。

表 2-2-1　器具准备

镊子	放大镜
偏光镜	折射仪
天平	

表 2-2-2　待测样品准备

常见的软玉及其仿制品有哪些？

与软玉容易混淆的玉石主要有玉髓、大理石、玻璃料器等仿制品。单从外观上看,颜色都是软玉常见的颜色,不仔细区分的话,光泽也与软玉相近,不容易区分开。所以就需要专业人士借助一定的仪器对其进行区分。

软玉的品种有哪些？

按颜色划分为以下几种,具体见下图:

(1) 羊脂白玉:表示优质白玉,颜色呈脂白色,可略泛青色、乳黄色等,质地细腻滋润,油脂性好,绺裂较少,可有少量石花等,杂质一般 10% 以下,糖色少于 30%。

(2) 白玉:颜色以白色为主,可略泛灰、黄、青等色调,质地致密细腻,油脂性适中,可见绺裂。根据带糖色的多少可进一步细分为白玉、糖白玉。糖白玉的糖色部分占 30%～85%。

(3) 青玉:为淡青—深青、灰青、青黄等颜色的软玉,是和田软玉中数量最多的一种。

(4) 青白玉:指介于白玉与青玉之间的软玉。颜色以白色为基础,白中闪青、黄、绿等色调。

(5) 黄玉:浅至中等不同的黄色调,经常为绿黄色、粟黄色,带有灰、绿等色调,根据带糖色的多少可进一步细分为黄玉、糖黄玉。

(6) 糖玉:由次生作用形成的,受氧化铁、氧化锰浸染呈红褐色、黄褐色、褐黄色、黑褐色等色调,糖色部分占到整体样品的 85% 以上时定名为糖玉。

(7) 碧玉:颜色以绿色为基础色,常见有绿、灰绿、墨绿等颜色。

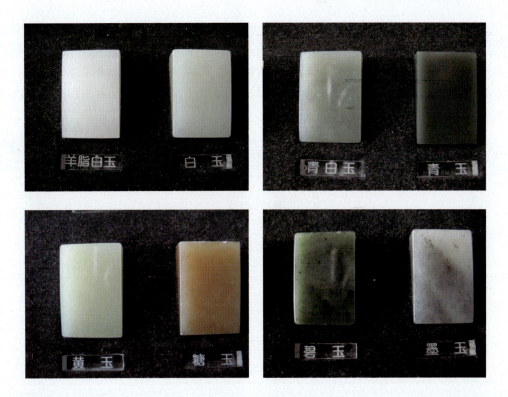

(8)墨玉：颜色呈灰黑或黑色占 30% 以上。黑色多呈浸染状、叶片状、条带状聚集，可夹杂白或灰白色，多不均匀。

按成因和产状划分为：

(1)山料：又名山玉，或叫宝盖玉，指产于山上的原生矿。山料的特点是块度的大小不一，呈棱角状，质量常不如子玉。

(2)山流水：是指原生矿石经风化崩落，并由河水搬运至河流中上游的玉石。其特点是距原生矿近，块度较大，棱角稍有磨圆，表面较光滑。

(3)戈壁料：介于山料和山流水之间。

(4)籽料：又名籽儿玉，是指原生矿经剥蚀被流水搬运至河流中的玉石。其特点是块度较小，常为卵形，表面光滑。因为长期搬运、冲刷、分选，所以子玉一般质量较好。

如何对这些样品进行鉴定呢？

首先，对待测样品进行肉眼观察，其次规范操作放大镜、偏光镜、折射仪、天平，检测出以上宝石样品的结构、光性、折射率和密度，根据测试结果判断宝石大致类别，准确填写到记录单上。

第二步

对待测样品进行肉眼观察（具体参见任务一红色系宝石的鉴别第二步肉眼观察）。

你知道对软玉及其仿制品肉眼观察主要观察什么吗？

肉眼观察主要是对样品的颜色、光泽、透明度等外部特征以及玉石结构进行观察。首先，软玉常见的颜色一般有白、灰白、黄、黄绿、灰绿、深绿、墨绿、黑等。软玉呈油脂光泽、蜡状光泽或玻璃光泽，绝大多数为半透明至不透明。

软玉及相似玉石的颜色、光泽、透明度和结构有什么特征？具体见表2-2-3。

表2-2-3

宝石品种	颜色	光泽	透明度	结构
软玉	白、绿、黑	油脂光泽	半透明—不透明	毛毡状结构
玉髓	白色	玻璃光泽	半透明—不透明	隐晶质结构
大理岩	白色	玻璃至油脂光泽	半透明—不透明	粒状结构
玻璃	白、绿色	玻璃光泽	半透明至微透明	非晶质体

将待测宝石的外观特征依编号顺序填写到表2-2-4中。

表2-2-4

样品编号	颜色	光泽	透明度	结构
A				
B				
C				
D				

你知道怎样快速鉴别软玉、染色大理岩、玻璃这三个样品吗？

首先，软玉的结构一般都较细腻，呈毛毡状结构，能够感到油润的感觉。

其次，染色大理岩、玻璃与软玉的区别之一是硬度的区别。软玉的硬度明显大于这二者。所以观察的时候，可以注意饰品表面是否有划痕，若存在表面损坏的现象，则很可能不是软玉，该现象可作为软玉的辅助鉴定特征。

最后，大理岩类玉石有一个特征，就是它的主要成分为碳酸盐，碳酸盐遇盐酸可见起泡现象，并且灯光照射下大理岩有时可见明显的条带（见下图）。这可作为大理岩类玉石的鉴定依据。

模块二 常见玉石的鉴别 · 133 ·

大理岩条带

第三步
用偏光镜对待测样品进行检测（具体参见任务一红色系宝石的鉴别第四步偏光镜测试）。

软玉及相似玉石的偏光镜测试现象有什么不同？具体见表 2-2-5。

表 2-2-5

宝石种类	偏光镜现象	宝石光性
软玉	全亮	非均质集合体
玉髓	全亮	非均质集合体
玻璃	全暗	均质体
染色大理岩	全亮	非均质集合体

请将待测宝石的偏光镜现象和宝石光性依编号顺序填写到表 2-2-6 中。

表 2-2-6

宝石种类编号	偏光镜现象	宝石光性
A		
B		
C		
D		

第四步

采用远视法，使用折射仪对待测样品进行检测（具体参见任务六翡翠及相似玉石的鉴别第五步折射仪测试）。

软玉及相似玉石的折射率有什么区别？具体见表2-2-7。

表2-2-7

宝石种类	折射率	双折射率
软玉	1.62	无
玉髓	1.54	无
大理岩	1.48～1.66	无
玻璃	1.51	无

将待测宝石的折射率读数依编号顺序填写到表2-2-8中。

表2-2-8

样品编号	标本转动角度	过程性读数				最终读数
		0°	90°	180°	270°	
A	折射仪显示数据					
B	折射仪显示数据					
C	折射仪显示数据					
D	折射仪显示数据					

第五步

用静水力学法对待测样品进行相对密度检测（具体可见任务一红色系宝石的鉴别第六步相对密度检测）。

软玉及相似玉石的相对密度有什么不同？见表2-2-9。

表2-2-9

宝石种类	软玉	玉髓	大理岩	玻璃
相对密度	2.95	2.60	2.70	2.30～4.50

模块二　常见玉石的鉴别

请将待测宝石的天平读数依编号顺序填写到表 2-2-10 中。

表 2-2-10

样品编号	过程性数据			宝石相对密度
	宝石在空气中的质量	宝石在水中的质量	宝石在空气中的质量－宝石在水中的质量	
A				
B				
C				
D				

第六步

综合测试结果,对待测样品进行定名,见表 2-2-11。

表 2-2-11

样品编号	A	B	C	D
定名				

实训检测

我的心得体会

要求:请用偏光镜、折射仪和天平对软玉及标本进行检测,判断宝石种类。

		肉眼观察			偏光镜测试		折射仪测试	静水力学法测试	观察结果及定名
		颜色	透明度	光泽	结构	镜下现象	光性	折射率	相对密度	
学生填写	样品 A									
	样品 B									
	样品 C									
	样品 D									
教师填写	评价标准	颜色、透明度、光泽、特殊光学效应的描述准确性				1. 仪器操作规范性 2. 测试结果正确性				定名准确性
	评价结果									
	课业成绩									

 知识链接

和田玉的传说

和田玉在我国至少有8000年的历史,是我国玉文化的主体,是中华民族文化宝库中的珍贵遗产和艺术瑰宝,具有极其深厚的文化底蕴。我国是世界历史上唯一将玉与人性化相共融的国家。和田玉由于质地十分细腻,所以它的美呈现出光洁滋润、颜色均一、柔和如脂的特征,它具有一种特殊的光泽,介于玻璃光泽、油脂光泽、蜡状光泽之间,可以称为玉的光泽,这种美显得十分高雅,而且和田玉质地非常坚韧,抗压能力可以超过钢铁。白玉在琢玉大师精密构思、精巧的雕琢下,巧夺天工的精美玉器真的可以陶冶人的性情和品质。

在新疆维吾尔族民间流传着这样的一个故事:玉是美丽而善良的姑娘的化身。相传古代于阗国的玉河畔,居住着一位技艺绝伦的老石匠,他带了一个徒弟。在老石匠六十岁生日那天,于玉河中拾到一块很大的羊脂玉,精心琢成一个非常漂亮的玉美人。老石匠情不自禁地说:"我要有这样一个孩子多好啊!"果然,这玉美人变成了一个活泼可爱的姑娘,拜老石匠为父,取名塔什古丽。不久,老石匠去世,塔什古丽与小石匠相亲相爱。可是,当地一位恶霸趁小石匠外出,抢走塔什古丽,妄图强迫成亲。塔什古丽不从,恶霸用刀砍她。她身上发出耀眼的火花点燃了恶霸的府第,而自己化成一股白烟,向故乡昆仑山飞去。小石匠得知后,骑马去追,他沿路撒下了小石子成为后人找玉的矿苗。维吾尔族人民历来崇玉爱玉,谚语说:"宁做高山上的白玉,勿做巴依堂上的地毯。"

中国悠久的玉石文化

在古代,玉象征伦理道德观念中高尚的品德,儒家有"君子比德于玉"的用玉观。东汉关于"玉、石之美者,有五德"的说法,就是将玉石的五种物理性质比喻为人的五种品德:"仁、义、智、勇、洁"。古玉器的礼仪功能一直占中国古玉器的主流,"六器"是封建社会礼仪用玉的主干,即用六种不同形制的玉器作为祭祀、朝拜、交聘、军旅的礼仪活动的玉器,这就是《周礼·大宗伯》所说的"以玉作六器,以礼天地四方,以苍璧礼天,以黄琮礼地,以青圭礼东方,以赤璋礼南方,以白琥礼西方,以玄璜礼北方"。

通观中国古代玉器,各地的先民无不以其地质、地貌的不同条件,以各自原始的审美标准就地采玉、就地取玉。随着时代的发展和变迁及生产力水平的不断提高,采玉的技术越来越高超,采玉的范围越来越大,人们对玉的认识越来越深。先民们在昆仑山北坡找到了世界公认的美玉——中国新疆和田玉。不管是从历史的角度看中国新疆和田玉,还是从文化的角度看中国新疆和田玉,或是从现实的角度看中国新疆和田玉,和田玉不但是中国玉材中的精品,更是中国玉文化的重要组成部分。

软玉的主要产地

(1)新疆和田玉:新疆和田玉不但历史悠久,颜色丰富,品种齐全,山料、子料、山流水和戈

壁料均有,品质最好,是软玉中的极品,也是最早将新疆和内地联系起来的桥梁和纽带。最早奔波于"丝绸之路"上的驼队,驮着的不是丝绸,而是和田玉,因此,"丝绸之路"的前身是"玉石之路"。

(2)青海软玉:青海玉色彩丰富,除白色系列外,还有青、绿、黄、紫等色,一般颜色不正,普遍带有灰色调;在透明度上,青海玉普遍比新疆和田玉高;在光泽上,青海玉缺乏新疆和田玉那种特有的油脂光泽。由于光泽和透明度的原因,使得青海玉总体上缺乏新疆和田玉特有的温润凝重感,并稍显轻飘。

(3)俄罗斯软玉:俄罗斯玉颜色丰富,有白、黄、褐、红、青、青白等色,而且往往多种新色分布在同一块软玉之上。

(4)岫岩软玉:岫玉软玉颜色多样,主要有白色、黄白色、绿色和黑色等基本色调,以及大量介于上述色调间的过渡色。细腻程度和润泽程度远不及新疆和田玉。河磨玉雕件是岫岩软玉最大的特色,特征的皮壳与基于本色精心雕刻的良好配搭,使其作品具有较高的艺术价值,广受国内外消费者的欢迎。

(5)台湾软玉:颜色以黄绿色为主,纤维变晶交织结构,块状构造。台湾软玉一般分为普通软玉、猫眼玉和蜡光玉三种,其中猫眼玉又有密黄、淡绿、黑色和黑绿等品种。普通软玉最多,猫眼玉和蜡光玉较少,并以猫眼玉最受人喜爱和青睐。

 课后拓展

查一查(网络或相关书籍)
(1)我国软玉的主要产地有_____、_____和_____。
(2)和田玉中品质最高的是_____。
(3)市场上被称做汉白玉、阿富汗玉、巴基斯坦玉、蜜蜡黄玉的玉石常用来仿软玉,这些玉石的实际成分是_____。

任务八　其他常见玉石的鉴别

任务导入

李女士信佛，从潘家园市场中购买了一串佛珠，佛珠上有绿、蓝、黑三种颜色的珠子，李女士不知道佛珠是什么品种，于是去鉴定所咨询。

潘家园古玩市场以及国内主要珠宝市场

北京潘家园旧货市场位于北京三环路的东南角，是全国最大的旧货市场，周一至周五店铺商户和大棚一区二区开放，周六、周日所有店铺地摊全开放，全年不歇市，人气极旺。该市场经营各种珠宝玉石、文物书画、文房四宝、瓷器及木器家具等，共有三千多个摊位。

除了潘家园旧货市场外，全国各地都分布着大大小小的珠宝市场。目前国内较为著名的珠宝市场包括浙江东海的水晶市场，河南南阳的玉石市场，广东揭阳、四惠以及平州三大玉石加工市场等。

鉴定步骤

第一步

准备鉴定仪器和鉴定样品，见表 2-3-1、表 2-3-2。

表 2-3-1　器具准备

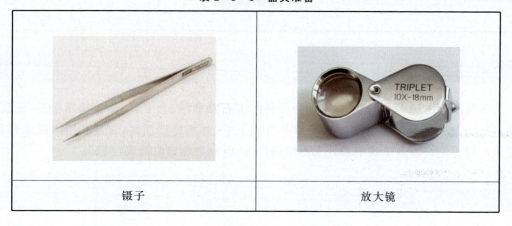

镊子	放大镜

续表 2-3-1

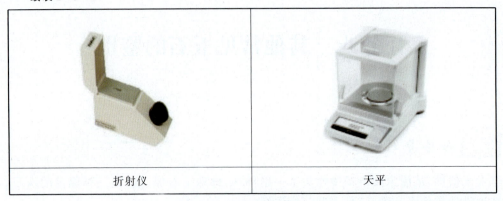

| 折射仪 | 天平 |

表 2-3-2 待测样品准备

市场上其他常见玉石都有哪些？

玉石在国内市场十分紧俏，在市场中常见的玉石除翡翠、软玉外，还包括绿松石、孔雀石、欧泊、青金石、黑曜岩五种，这几种玉石单从外观上看，外部特征明显，着重利用肉眼观察和放大检查进行鉴定。但由于其中部分玉石性质特殊，所以在鉴定时需要注意。

如何对这些宝石样品进行鉴定？

首先，对待测样品进行肉眼观察，着重观察样品的颜色、光泽、外观特征以及是否具有特殊光学效应；其次，利用放大镜观察内部特征，然后规范操作折射仪、天平检测出以上玉石样品的折射率、密度，根据测试结果判断玉石的大致类别，准确填写到记录单上。

第二步
对待测样品进行肉眼观察（具体参见任务一红色系宝石的鉴别第二步肉眼观察）。

你知道其他常见玉石都有哪些肉眼观察特征吗？见表2-3-3。

表2-3-3

宝石品种	颜色	光泽	透明度	特殊光学效应
绿松石	深浅不一的蓝色、绿色、绿蓝色等，伴有白色细脉（白脑）、斑点以及褐黑色网脉（铁线）或暗色杂质	蜡状、油脂或玻璃光泽	不透明	无
孔雀石	绿色，具有浅绿和深绿色互层的同心圆状环带	玻璃或丝绢光泽	不透明	无
欧泊	黑、白、橙等多种颜色	玻璃光泽至树脂光泽	半透明至不透明	变彩效应
青金石	蓝色、紫蓝色，伴有白色和金色斑点	玻璃光泽或蜡状光泽	不透明	无
黑曜岩	颜色多种多样	玻璃光泽	不透明	晕彩效应

将待测宝石的外观特征依编号顺序填写到表2-3-4中。

表2-3-4

样品编号	颜色	光泽	透明度	特殊光学效应
A				
B				
C				
D				
E				

你知道什么是丝绢光泽、树脂光泽吗？

丝绢光泽：呈现如丝绢般的反光现象，如孔雀石；
树脂光泽：呈现如松香般的光泽，琥珀具有典型的树脂光泽。

你知道欧泊的变彩效应是什么吗？

变彩效应是指在白光照射下，弧面型欧泊宝石戒面上同时显示出多色变换闪光的一种现象。当转动宝石或光源时，可以看到宝石色彩不断变换，闪闪迷人，出现红、橙、黄、绿等多种光谱色。

你知道欧泊的品种有哪些吗？

市场上出现的欧泊品种包括黑欧泊、白欧泊、火欧泊三种，除此之外还常常含有一些人工合成欧泊以及拼合欧泊。

黑欧泊：在体色（底色）为蓝色、深蓝、深灰、深绿、褐色或黑色基底上出现强烈变彩效应的欧泊，是欧泊中的珍贵品种，以黑色最理想，澳大利亚新南威尔士是最著名的黑欧泊产地，因此欧泊也常被称为"澳宝"。

白欧泊：在白色或浅灰色基地上出现变彩效应的欧泊。

火欧泊：无变彩效应或少量变彩的，呈橙色、橙红色、红色的半透明—透明品种。

合成欧泊：上述欧泊品种均可通过人工手段进行合成。

拼合欧泊：有时欧泊太薄，不能琢磨成宝石，通常采用拼合的方式来获得理想的外观并增强欧泊的耐久性，拼合欧泊的类型主要有：

欧泊二层石：用一片薄的欧泊黏结到底层材料上。

欧泊三层石：一片薄的欧泊被黏结在深色底层和透明顶层（如石英或玻璃）之间。

马赛克和碎片欧泊拼合石：将小片的或不规则形状的欧泊像马赛克贴砖似的黏结到深色底层材料中或包在树脂中。

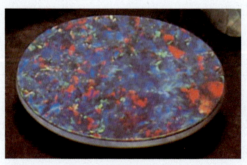

拼合欧泊

第三步

对待测样品进行放大检查(具体参见任务一红色系宝石的鉴别第三步放大检查)。

其他常见玉石的放大检查内部特征有什么区别？具体见表 2-3-5。

表 2-3-5

宝石品种	放大检查内部特征	典型特征图片
绿松石	黑色、褐色或白色的斑点或者网脉	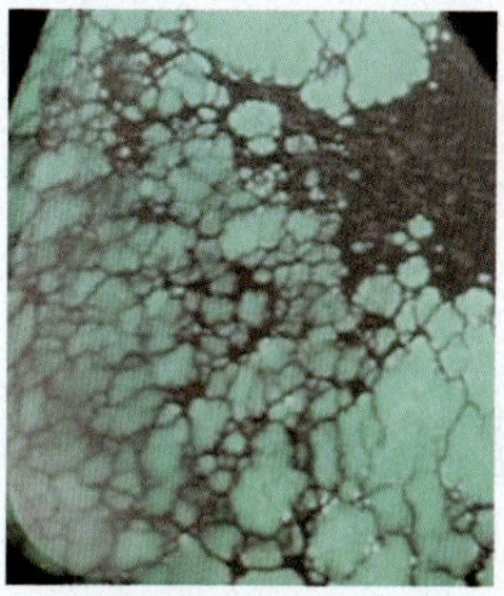
孔雀石	典型条带状、放射状、同心环带构造	
欧泊	具有丝绢外观及平行条纹，内部具有彩色片状物，彩片往一个方向延长，颜色渐变，彩片与彩片的界限模糊	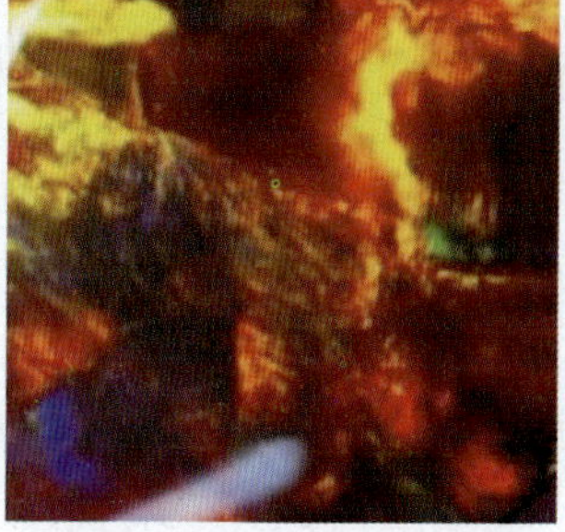

续表 2-3-5

宝石品种	放大检查内部特征	典型特征图片
青金石	白色团块和网脉,铜黄色斑点或团块	
黑曜岩	圆形和拉长气泡,常见晶体、似针状包体	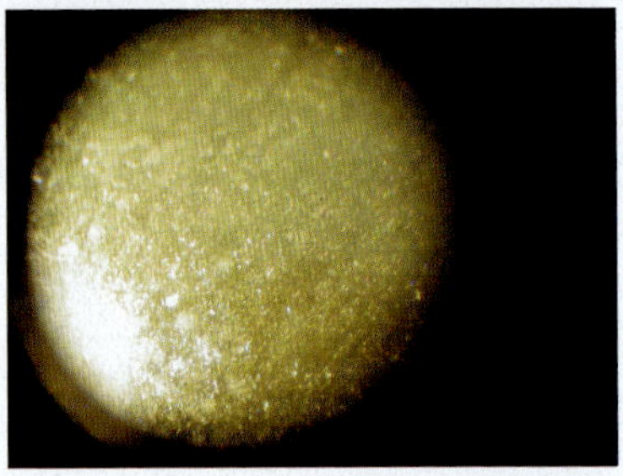

请将待测宝石的放大检查内部特征依编号顺序填写到表 2-3-6。

表 2-3-6

样品编号	放大检查内部特征
A	
B	
C	
D	
E	

你知道绿松石上的网脉是什么物质吗？青金石的"金"又指什么？

绿松石上的深色网脉斑点,俗称铁线,为铁质矿物褐铁矿。青金石的"金"指其表面代有的铜黄色斑点,该斑点为黄铁矿。

你知道如何利用放大镜鉴别合成欧泊、拼合欧泊和天然欧泊吗？

合成欧泊与天然欧泊的区分方法:合成欧泊的色斑具有三维形态,成柱状排列,彩片界限清晰呈锯齿状,这种结构成为蜥蜴皮结构,天然欧泊的色斑是平行同向延长的,彩片界限模糊。

蜥蜴皮结构

拼合欧泊与天然欧泊的区分方法:在强顶光下放大检查,不管是欧泊三层石或是二层石均可以在其腰棱处观察到拼合缝,且可以在拼合缝中找到球形或扁平形状的气泡。如果是马赛克拼合欧泊,可以明显观察到内部彩片像瓷砖一样拼在一起。

第四步

采用远视法,使用折射仪对待测样品进行检测(具体参见任务六翡翠及相似玉石的鉴别第五步折射仪检测)。

其他常见玉石的折射率分别是多少?具体见表2-3-7。

表 2-3-7

宝石品种	绿松石	孔雀石	欧泊	青金石	黑曜岩
折射率	1.62	1.65~1.91	1.37~1.47	1.50	1.49
双折射率	—	—	—	—	—

请将待测宝石的折射率读数依编号顺序填写到表2-3-8中。

表 2-3-8

样品编号	过程性读数					最终读数
	标本转动角度	0°	90°	180°	270°	
A	折射仪显示数据					
B	折射仪显示数据					
C	折射仪显示数据					
D	折射仪显示数据					
E	折射仪显示数据					

> 你知道为什么一般不对绿松石等玉石测定折射率吗？

由于绿松石结构较为疏松，且绿松石化学稳定性较弱，与折射油长久接触容易导致变色。因此一般结构较为疏松、化学稳定性较弱的宝石，不建议使用折射仪测定其折射率。

第五步
用静水力学法对待测样品进行相对密度检测（具体可见任务一红色系宝石的鉴别第六步相对密度检测）。

> 其他常见玉石的相对密度有什么不同？见表2-3-9。

表2-3-9

宝石种类	绿松石	孔雀石	欧泊	青金石	黑曜岩
相对密度	2.76左右	3.95左右	2.15左右	2.75左右	2.40左右

> 将待测宝石的天平读数依编号顺序填写到表2-3-10中。

表2-3-10

样品编号	过程性数据			宝石相对密度
	宝石在空气中的质量	宝石在水中的质量	宝石在空气中的质量-宝石在水中的质量	
A				
B				
C				
D				
E				

由于青金石在滤色镜下呈现褐红色，其他待测样品在滤色镜下颜色无变化，因此还可以利用滤色镜对青金石进行测试。

第六步
综合测试结果，对待测样品进行定名，见表2-3-11。

表2-3-11

样品编号	A	B	C	D	E
定名					

实训检测

要求:请用放大镜、折射仪和天平对其他常见玉石标本进行检测,判断玉石种类。

<table>
<tr><th colspan="3">肉眼观察</th><th colspan="2">放大镜观察</th><th>折射仪测试</th><th>静水力学法测试</th><th rowspan="2">观察结果及定名</th></tr>
<tr><th>颜色</th><th>透明度</th><th>光泽</th><th>特殊光学效应</th><th>内部特征</th><th>折射率</th><th>相对密度</th></tr>
<tr><td colspan="8">学生填写</td></tr>
<tr><td colspan="8">样品 A</td></tr>
<tr><td colspan="8">样品 B</td></tr>
<tr><td colspan="8">样品 C</td></tr>
<tr><td colspan="8">样品 D</td></tr>
<tr><td colspan="8">样品 E</td></tr>
<tr><td colspan="8">教师填写</td></tr>
<tr><td colspan="5">评价标准</td><td colspan="2">颜色、透明度、光泽、特殊光学效应的描述准确性</td><td>1. 仪器操作规范性
2. 测试结果正确性</td><td>定名准确性</td></tr>
<tr><td colspan="8">评价结果</td></tr>
<tr><td colspan="8">课业成绩</td></tr>
</table>

我的心得体会

知识链接

拼合石

拼合石又称组合宝石,由一块以相同种或不同种原石分别切成顶和底再黏接成型或加底垫组合成一体的宝石。珠宝玉石国家标准将它纳入"人工宝石"。

拼合石又分双层型、三层型、底托(垫)型三类。拼合目的不外乎是以小料代大料(如双合钻石)、以低档品代中高档品(如优质蓝宝石顶、劣质蓝宝石底的二层石)或以假代真(如用绿色胶将一片铅玻璃与水晶顶黏接起来的仿祖母绿拼合石);黏合剂为有色的或无色的,夹层有石英质的(如三层欧泊)、有树胶的(如夹层为变彩塑料的仿欧泊),或加底垫(背箔)来衬色、加强反射或火彩,以及使之呈现猫眼效应、星光效应等。

欧泊的历史及寓意

欧泊的英文名为 Opal,源于拉丁文 Opalus,意思是"集宝石之美于一身"。古罗马自然科学家普林尼曾说:"在一块欧泊石上,你可以看到红宝石的火焰、紫水晶般的色斑、祖母绿般的绿海,五彩缤纷,浑然一体,美不胜收。"

在古罗马时代,宝石是带来好运的护身符。欧泊象征彩虹,带给拥有者美好的未来。因为它清澈的表面暗喻着纯洁的爱情,它也被喻为"丘比特石"。早先的种族用欧泊代表具有神奇力量的传统和品质,欧泊能让它的拥有者看到未来无穷的可能性,它被人相信可以有魔镜一样的功能,可以装载情感和愿望、释放压抑。希腊人相信欧泊给予人们深谋远虑和预言未来的力量。阿拉伯人相信它们来自于上天,在阿拉伯传说中,欧泊被认为可以通过它感觉到天空中闪电。罗马人则认为欧泊会带来希望和纯洁。

在 7 世纪,大家相信欧泊有神奇的魔力,世纪末的莎士比亚是这样描写欧泊的:"那是神奇宝石中的皇后。"而东方人谈及欧泊则说它是"希望的锚",欧泊也被尊为十月的生辰石。

绿松石的历史及寓意

绿松石的工艺名称为"松石",因其形似松球且色近松绿而得名。其英文名称 Turquoise,意为土耳其石。但土耳其并不产绿松石,传说古代波斯产的绿松石是经土耳其运进欧洲而得名。

绿松石是中国"四大名玉"(和田玉、岫玉、独山玉、绿松石)之一,古人称其为"碧甸子"、"青琅玕"等,欧洲人称其为"土耳其玉"或"突厥玉"。

绿松石质朴典雅,千百年来受到许多国家人们的宠爱,甚至达到迷信的程度。早在古埃及、古墨西哥、古波斯,绿松石便被视为神秘、避邪之物,当成护身符和随葬品。埃及人用绿松石雕成爱神来护卫自己的宝库;印第安人认为佩戴绿松石饰物可以避邪和得到神灵的保佑;我国藏族同胞认为绿松石是神的化身,是权力和地位的象征,是最为流行的神圣装饰物,被用于第一个藏王的王冠,当作神坛供品;印第安人认为绿松石是大海和蓝天的精灵,会给远征的人带来吉祥和好运,被誉为成功幸运之石,是神力的象征。绿松石是国内外公认的"十二月诞生石",代表胜利与成功,有"成功之石"的美誉。

青金石的历史及寓意

青金石英文名称为 Lapis lazuli,来源于拉丁语,在中国古代称为璆琳、金精、瑾瑜、青黛等。佛教称为吠努离或璧琉璃。属于佛教七宝之一。

青金石是古老的玉石之一,它以其鲜艳的蓝色赢得东方各国人民的喜爱。在公元前数千年的古埃及,青金石与黄金价值相当;在古印度、伊朗等国,青金石与绿松石、珊瑚均属名贵玉石品种,常作为君王的陪葬品。《石雅》云:"青金石色相如天,或复金屑散乱,光辉灿烂,若众星丽于天也。"所以我国古代通常用青金石作为上天威严崇高的象征。据《清会典图考》载:"皇帝朝珠杂饰,唯天坛用青金石,地坛用琥珀,日坛用珊瑚,月坛用绿松石;皇帝朝带,其饰天坛用青金石,地坛用黄玉,日坛用珊瑚,月坛用白玉。"皆借玉色来象征天、地、日、月,其中以天为上。由于青金石玉石"色相如天",故不论朝珠或朝带,尤受重用。青金石也被阿拉伯国家视为"瑰宝",另外阿富汗也把它当作自己国家的"国石"。

青金石颜色端庄,易于雕刻,至今保持着一级玉料的声望。人们还相信青金石可以治疗忧郁症及间歇性发烧症,与绿松石等一起作为十二月的生辰石。

宝石的光泽

宝石的光泽指宝石表面的反光能力。常见的宝石光泽包括:
(1)金刚光泽:像金刚石表面的光泽。
(2)玻璃光泽:跟玻璃表面一样的光泽。
(3)珍珠光泽:像珍珠表面或贝壳表内壁一样的柔和光泽。
(4)丝绢光泽:像丝绢表面光泽一样,一般宝石具有纤维状结构时呈现丝绢光泽。
(5)油脂光泽:像油脂一般的光泽,以和田羊脂白玉的光泽为代表。

(6)蜡状光泽:像蜡烛表面反光的光泽。
(7)树脂光泽:像松香一般的光泽,琥珀为典型的树脂光泽。

 课后拓展

查一查(网络或相关书籍)
(1)十二月的生辰石有_____。
(2)佛家七宝包括_____。
(3)绿松石的铁线和白脑是什么?
(4)青金石的"金"是什么?
(5)青金石在滤色镜下是什么颜色?
(6)黑曜岩具有什么特殊光学效应?

模块三　常见有机宝石的鉴别

任务九　常见有机宝石的鉴别

　　学生小雨跟她父母去海南旅游,海南风景秀丽,气候宜人,有许多售卖珠宝首饰的商铺,尤其是珍珠首饰种类款式特别齐全。小雨买了一串珍珠项链和珊瑚戒指,回家之后又觉得不放心,害怕买了假货,于是拿到珠宝专业老师那里,希望老师能够鉴定一下。

常见的有机宝石有哪几种?

　　常见的有机宝石主要有珍珠、珊瑚、琥珀、象牙、煤精、玳瑁。有机宝石相对于有色宝石和常见玉石较容易区分,大部分通过肉眼观察即可进行鉴别。

第一步
准备鉴定仪器和鉴定样品,见表3-1-1、表3-1-2。

表 3-1-1　器具准备

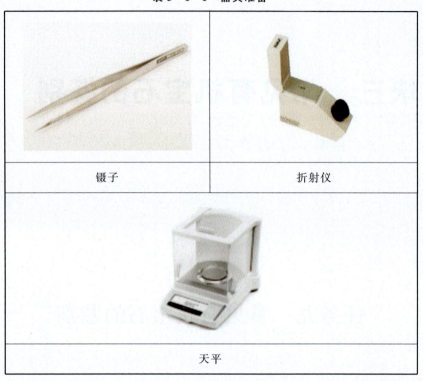

镊子	折射仪
天平	

表 3-1-2　待测样品准备

模块三　常见有机宝石的鉴别

如何对这些宝石样品进行鉴定？

首先，对待测样品进行肉眼观察，其次规范操作偏光镜、折射仪、天平，检测出以上宝石样品的光性、折射率和密度，根据测试结果判断宝石的大致类别，准确填写到记录单上。

第二步

对待测样品进行肉眼观察（具体参见任务一红色系宝石的鉴别第二步肉眼观察）。

你知道肉眼观察珍珠要主要观察哪些方面吗？

颜色：珍珠的颜色是体色、伴色和晕彩的综合效果。体色是珍珠具有的固定色调，根据珍珠的体色，珍珠的颜色可划分为如下 5 个系列：白色系列、红色系列、深色系列、黄色系列和其他色系。伴色和晕彩是漂浮在珍珠表面的一种或者几种颜色，珍珠可能的伴色和晕彩有白色、粉红、玫瑰红、银白色或绿色等。

光泽：珍珠具有特殊的珍珠光泽，可分为强、中、弱三种。

有机宝石的颜色、光泽、透明度各具有哪些特征？见表 3-1-3。

表 3-1-3

宝石品种	颜色	光泽	透明度
珍珠	白色、黄色、深色、红色	珍珠光泽	半透明至不透明
珊瑚	浅粉红至深红色、橙色、白色及奶油色	蜡状光泽	不透明至亚透明
琥珀	浅黄色、黄至深褐色、橙色、红色、白色	树脂光泽至玻璃光泽	透明至半透明，少数不透明
象牙	白色、奶白色、瓷白色，陈旧后多为浅黄白色、淡黄色、浅褐黄色	油脂光泽或蜡状光泽	半透明到不透明
煤精	黑色和褐黑色	树脂光泽、沥青光泽至玻璃光泽	不透明
玳瑁	黑、白、褐色和黄色	油脂光泽到蜡状光泽	亚透明至不透明

请将待测宝石的外观特征依编号顺序填写到表 3-1-4 中。

表 3−1−4

样品编号	颜色	光泽	透明度
A			
B			
C			
D			
E			
F			

你知道琥珀的分类吗?

血珀:红色透明的琥珀,在琥珀中价值最高。
金珀:金黄色至明黄色的透明琥珀,属名贵品种之一。
蜜蜡:金黄色、棕黄色、蛋黄色、呈半透明的琥珀,蜡状光泽至油脂光泽。
金绞蜜:透明的金珀与半透明的蜜蜡互相缠在一起形成的一种黄色的具缠绞状花纹的琥珀。
香珀:具有香味的琥珀。
虫珀:包含有动物、植物遗体的琥珀,其中含"琥珀藏峰"、"琥珀藏蚊"、"琥珀藏蝇"等图案的较为珍贵。
石珀:有一定的石化程度,半透明至不透明的琥珀,硬度比其他琥珀大。
蓝琥珀:紫蓝至蓝色琥珀,产于意大利。产于多米尼加具有蓝色荧光的琥珀,市场上也称"蓝"琥珀,实际上其颜色为黄色至黄棕色。
绿琥珀:绿色琥珀,产于意大利西西里岛。

有机宝石的偏光镜测试现象有什么不同?具体见表 3−1−5。

表 3−1−5

宝石种类	偏光镜现象	宝石光性
琥珀 煤精	全暗	均质体
玳瑁	全暗	晶质体
珍珠 珊瑚 象牙	全亮	非均质集合体

请将待测宝石的偏光镜现象和宝石光性依编号顺序填写到表 3-1-6 中。

表 3-1-6

宝石种编号	偏光镜现象	宝石光性
A		
B		
C		
D		
E		
F		

有机宝石在偏光镜的测试中有什么需要特别注意的地方？

偏光镜的测试前提为所测试宝石为透明至半透明，煤精以及其他不透明的有机宝石有时无法进行偏光镜的测试。琥珀常见异常消光。

第三步
采用远视法，使用折射仪对待测样品进行检测（具体可见任务六翡翠及相似玉石的鉴定第五步折射仪检测）。

有机宝石的折射率有什么区别？具体见表 3-1-7。

表 3-1-7

宝石种类	折射率	双折射率
珍珠	1.500～1.685	无
珊瑚	1.486～1.658	0.172（理论值）
琥珀	1.540（+0.005，-0.001）	无
象牙	1.530～1.540	无
煤精	1.66（+0.02，-0.02）	无
玳瑁	1.550（+0.010，-0.010）	无

请将待测宝石的折射率读数依编号顺序填写到表 3-1-8 中。

表 3-1-8

样品编号	标本转动角度	过程性读数				最终读数
		0°	90°	180°	270°	
A	折射仪显示数据					
B	折射仪显示数据					
C	折射仪显示数据					
D	折射仪显示数据					
E	折射仪显示数据					
F	折射仪显示数据					

为什么有机宝石通常不用测折射率这种常规的宝石测试方法呢？

有机宝石的化学稳定性较差，折射油对其会造成一定程度的损坏，因此尽量不要对有机宝石进行折射率测试。

第四步

用静水力学法对待测样品进行相对密度检测（具体可见任务一红色系宝石的鉴别第六步相对密度检测）。

有机宝石的相对密度分别是多少？具体见表 3-1-9。

表 3-1-9

宝石品种	珍珠	珊瑚	琥珀	象牙	煤精	玳瑁
相对密度	1.530～1.685	2.60～2.70	1.08	1.85	1.32	1.29

将待测宝石的天平读数依编号顺序填写到表 3-1-10 中。

表 3-1-10

样品编号	过程性数据			宝石相对密度
	宝石在空气中的质量	宝石在水中的质量	宝石在空气中的质量-宝石在水中的质量	
A				
B				
C				
D				
E				
F				

你知道琥珀是已知宝石中密度最低的吗?

因为琥珀是已知宝石中密度最低的宝石,将它放在淡水中会下沉,却可在饱和食盐水中漂浮。这也是鉴定琥珀和与琥珀相似有机宝石的一个方便有效的方法。

你知道有掂重这种鉴定方法吗?

掂重也是鉴定宝石一个非常方便有效的辅助手段,例如琥珀掂在手中很轻,而CZ(合成立方氧化锆)、孔雀石等则有很明显的压手感。

第五步

综合测试结果,对待测样品进行定名,见表3-1-11。

表 3-1-11

样品编号	A	B	C	D	E	F
定名						

 实训检测

我的心得体会

_____
_____
_____
_____
_____
_____
_____
_____
_____
_____

要求：请用偏光镜、折射仪和天平对常见有机宝石标本进行检测，判断宝石种类。

		肉眼观察			偏光镜测试		折射仪测试	静水力学法测试	观察结果及定名
		颜色	透明度	光泽	特殊光学效应	镜下现象	光性	折射率	相对密度	
学生填写	样品 A									
	样品 B									
	样品 C									
	样品 D									
	样品 E									
	样品 F									
教师填写	评价标准	颜色、透明度、光泽、特殊光学效应的描述准确性					1. 仪器操作规范性 2. 测试结果正确性			定名准确性
	评价结果									
	课业成绩									

 **知识链接**

珍珠的保养方法

珍珠是有机宝石,对酸及肥皂、香水、发胶等化学品敏感,应避免与其接触。汗液也会在一定程度上腐蚀珍珠,用后存放时最好用软布擦拭干净。

珍珠中还含有水,所以应该避免暴晒。为避免干燥引起珍珠的脱水和干裂,也可以将天然油脂放在软布上对珍珠进行擦拭。

珍珠的硬度不高,因此应避免与别的宝石和金属摩擦,并与其他宝石分开放置。

珍珠的产地

南洋珍珠:南洋珍珠主要产自南太平洋海域沿岸国家,如澳大利亚、南非、印度尼西亚、印度、泰国等。其中澳大利亚占总产量的50%以上,平均直径为13mm,以白色珍珠为主。南洋珍珠生长在巨大的白蝶贝中,直径一般在10~13mm。以形状好、瑕疵少、粒度大闻名,属于名贵的珍珠品种。南洋珍珠主要为金色、银色、银白色等,最有价值的是金黄色。

塔希提黑珍珠:因产于法属波利尼西亚的塔希提岛而得名,也称黑色南洋珍珠,生长在黑蝶贝中,世界上优质黑珍珠主要来源于此地。

东洋珍珠:指日本海水珍珠。日本的养珠业已有一百多年的历史,其海水珍珠产量曾多年居世界首位。但20世纪90年代以后由于海水污染、自然灾害严重、生产成本等问题造成珍珠产量急剧下降。

中国珍珠:中国珍珠有南珠和北珠之分。南珠指我国南海北部湾海域、广东、海南所产珍珠,北珠指我国黑龙江塞北产的珍珠。

东方珍珠:东方珍珠曾是天然海水珍珠的代名词之一,是产于波斯湾的珍珠,也称波斯珠。

马纳尔珠:指产于斯里兰卡和印度之间的马纳尔海湾的珍珠。珍珠多呈K金色,还有独特的黄色、铁灰色及呈白色或奶白色伴有绿、蓝或紫色晕彩的珍珠。

琥珀的保养方法

琥珀属于有机宝石,易溶于有机溶剂,如指甲油、酒精、汽油、煤油、重液中,应避免触及化学药品,也不宜放入化妆柜中。一般情况下,不要用重液测定其相对密度和用浸油法测折射率。使用后可用湿棉布轻轻擦拭表面,然后再擦上植物性油脂(如橄榄油),风干即可恢复琥珀的光泽。

琥珀性脆,硬度低,不宜受外力撞击,应避免磨擦、刻划,防止划伤、破碎。收藏琥珀时应以单件存放,避免与硬质首饰一起保存,以免擦撞而造成刮痕。

琥珀的熔点低,易熔化,怕热,怕暴晒,琥珀制品应避免太阳直接照射,不宜放在高温的地方。琥珀易脱水,干燥易产生裂纹。

课后拓展

查一查(网络或相关书籍)

(1)珍珠是_____月的生辰石。

(2)商业上习惯将珍珠按产地进行分类,主要产地有_____。

(3)琥珀的质量评价包括_____、_____、_____、_____四个方面。

(4)珍珠的主要产地有_____。

主要参考文献

中华人民共和国国家质量监督检验检疫总局,中国国家标准化管理委员会.珠宝玉石名称[M].北京:中国标准出版社,2010.

中华人民共和国国家质量监督检验检疫总局,中国国家标准化管理委员会.珠宝玉石鉴定[M].北京:中国标准出版社,2010.

张蓓莉.系统宝石学[M].北京:地质出版社,2006.